普通高等院校电工电子实验课程"十二五"规划教材

电工学实验及电子实习指导

柴志军　王云霞　冉玲苓　主编
王积翔　主审

国防工業出版社
·北京·

内容简介

本书分为三个部分:第一部分为电工学实验,共16个实验项目。在这些实验中除了有传统的基本电路理论验证性实验外,还安排了部分发挥性较强的综合性实验内容。遵循由易到难的原则设置实验内容。第二部分为仿真实验,包括Multisim10的使用和4个实验项目。第三部分为电子实习,主要介绍元器件的识别和实习技能培养。附录列出了部分实验仪器的使用说明,列举了具体的使用方法。

本书的内容具有较强的可操作性和一定的通用性,本书主要作为电子类相关专业电工学实验及电子实习课程的教材,也可作为其他行业及高等院校有关专业的实验课教材和教学参考书。

图书在版编目(CIP)数据

电工学实验及电子实习指导/柴志军,王云霞,冉玲苓主编.—北京:国防工业出版社,2011.7

普通高等院校电工电子实验课程"十二五"规划教材

ISBN 978-7-118-07484-0

Ⅰ.①电... Ⅱ.①柴...②王...③冉... Ⅲ.①电工学—实验—高等学校—教学参考资料②电子技术—实习—高等学校—教学参考资料 Ⅳ.①TM1-33②TN-45

中国版本图书馆CIP数据核字(2011)第126174号

※

国防工業出版社 出版发行

(北京市海淀区紫竹院南路23号 邮政编码100048)

腾飞印务有限公司印刷

新华书店经售

*

开本 787×1092 1/16 **印张** 11 **字数** 220千字

2011年7月第1版第1次印刷 **印数** 1—4000册 **定价** 25.00元

(本书如有印装错误,我社负责调换)

国防书店:(010)68428422　　发行邮购:(010)68414474

发行传真:(010)68411535　　发行业务:(010)68472764

前　言

电工学课程是大学本科、专科电子及其相关专业的一门实践性很强的、重要的基础课程,是学习一切电气工程技术的基础。其中电工学实验课是学生深入理解和进一步巩固在课堂上学到的理论知识的重要途径,在培养学生形成严谨的科学态度和提高抽象思维能力、创新能力和实验研究能力、分析与解决问题的能力等方面起着重要作用。电工学实验课注重基本实验能力培养,设置了多个操作性强的实验项目,逐渐培养学生独立进行实验及创新的能力。

本书分为三个部分:第一部分为电工学实验,共16个实验项目。在这些实验中除了有传统的基本电路理论验证性实验外,还安排了部分发挥性较强的综合性实验内容。遵循由易到难的原则设置实验内容。第二部分为仿真实验,包括Multisim10的使用和4个实验项目。第三部分为电子实习,主要介绍元器件的识别和实习技能培养。附录列出了部分实验仪器的使用说明,列举了具体的使用方法及注意事项。

其中,第一部分的实验一到实验七和第二部分及附录由柴志军负责编写;第一部分的实验八到实验十六由王云霞编写;第三部分由冉玲苓负责编写。全书修改和统稿工作由柴志军完成。本书由王积翔主审。

本书编写过程中还得到了黑龙江大学电工电子实验中心孙光遥的大力帮助,在此表示衷心感谢。

由于时间仓促,作者水平有限,书中难免存在错误和不妥之处,恳请同行和使用本书的各位师生批评指正,提出宝贵意见。

编　者

2011年3月于哈尔滨

前 言

目　录

第一部分　电工学实验

第二部分　仿 真 实 验

第三部分　电 子 实 习

附　录

电工实验室安全规则

为顺利完成实验工作,确保实验仪器仪表设备和人身安全,学生进入实验室后必须遵守电工实验室安全规则。

(1) 学生进入实验室后不得做与实验无关的事情,进行电工实验时必须严肃认真、用心专一,不得有其他杂念。

(2) 学生在实验前应熟知安全用电常识,在实验中应严格遵守安全用电制度和操作规程。

(3) 学生应熟悉电工实验室的电源配置和操作方法,了解电源配置的参数和控制方式,对于直流电源应正确区分电源的正负极。

(4) 实验操作和接通电源前应规划好操作步骤,不得盲目乱动实验装置和电源设备,送电和操作时应按照实验指导书或产品说明进行操作,发现异常应立即切断电源,待故障排除后方可重新接通电源和实验操作。

(5) 使用和移动仪器应轻拿轻放,不清楚使用方法和操作步骤时不得随意使用,以免损坏实验设备。

(6) 实验中不得用手触摸线路中裸露的带电体,防止电击和触电事故发生,如遇触电事故,应立即切断电源,并及时抢救。

(7) 在电气设备带电运行的状态下,设备的外壳应有保护接地或接零措施。

(8) 未经允许不得随意改变实验室的电气配置和更换熔断器熔丝等配件,不得擅自拆卸仪表和实验装置。

(9) 实验接线时,应先连接实验线路和仪表设备,而后再接通电源;实验完毕后应随即切断实验电源,并先拆除电源线路,而后再拆除实验仪表设备和线路。

第一部分

电工学实验

实验一　实用电子仪器的使用
实验二　基尔霍夫定律和叠加原理
实验三　戴维南定理及功率传输最大条件的研究
实验四　电压源与电流源的等效变换
实验五　串联谐振电路的研究
实验六　无源滤波器的设计及特性测试
实验七　安全用电常识
实验八　日光灯电路的连接及功率因数的提高
实验九　三相电路的实验
实验十　三相电路相序及功率的测量
实验十一　三相异步电动机的使用和启动
实验十二　三相鼠笼式异步电动机点动和自锁控制
实验十三　三相异步电动机启动及正反转控制电路的实验
实验十四　三相异步电动机Y－△启动控制电路实验
实验十五　单相异步电动机控制电路的实验
实验十六　单相电度表的校验

实验一　实用电子仪器的使用

一、实验目的

(1) 学习函数发生器的使用方法,学会调节输出信号的频率和幅值,了解面板上各旋钮的作用。

(2) 学习运用双踪示波器测量信号电压的幅度、周期(或频率)及相位的基本方法,了解面板上各旋钮的作用及使用方法。

(3) 熟悉智能电工实验台、交流毫伏表等仪器设备的使用,为后续实验做准备。

二、预习要求

(1) 认真阅读"电工实验室安全规则",了解安全规程以及注意事项。

(2) 熟悉本次实验的具体内容,预习实验步骤。

(3) 通过阅读实验原理和附录,了解双踪示波器、函数发生器、交流毫伏表等的主要技术指标。

三、原理及说明

本实验所用电子仪器及其主要技术指标如下:

1. YB4320F 型双踪示波器

YB4320F 型双踪示波器为便携式晶体管类型的示波器,具有 CRT 显示功能。它能在屏幕上同时显示两个波形,可以方便、准确地测量信号的频率、相位和电压值。

该示波器灵敏度调节旋钮按 1—2—5 顺序从 1mV/格至 5V/格递增,对输入信号具有 20MHz 的频率特性响应。扫描速度以 1—2—5 为顺序从 1μs/格至 0.5s/格递增,有外接触发信号输入插口。最大输入电压信号为 400V(DC 或 AC 峰—峰值)。

2. 函数发生器/频率计

作为函数发生器时,可输出的信号波形有三种:方波、三角波、正弦波,输出信号的频率范围为 0.1Hz ~ 2MHz,输出阻抗 50Ω × (1 ± 10%),输出最大幅度 20V(空载),输出幅度可衰减 20dB(10 倍)、40dB(100 倍)。

频率范围:0 ~ 2Hz、2Hz ~ 20Hz、20Hz ~ 200Hz、200Hz ~ 2kHz、2kHz ~ 20kHz、20kHz ~ 200kHz、200kHz ~ 2MHz(分 7 挡)。

作为频率计使用时(探头接COUNTER),频率计数显示屏可显示输出信号的频率,也可显示外测信号频率,测量范围1Hz～10Hz,输入阻抗不小于1MΩ/20pF,灵敏度100mV(有效值)。

3. DF2175A交流毫伏表

交流毫伏表是测量正弦交流信号有效值的仪表。它与一般的交流电压表(万用表)相比,具有输入阻抗高、测量范围广的特点,能够完成工频下正弦交流信号的测量。

DF2175A是一种智能型数字交流毫伏表,适用于测量频率范围为5Hz～2MHz,输入1mV～300V的正弦波电压有效值,可以通过手动调节选择不同的量程得到合适的测量值。具备手动/自动测量功能,同时显示dB/mdB值。量程有1mV、3mV、10mV、30mV、100mV、300mV、1V、3V、10V、30V、100V、300V。

四、实验设备

实验设备见表1－1。

表1－1 实验设备

名称	型号及参数说明	数量
双踪示波器	YB4320F	一台
函数发生器		一台
交流毫伏表	DF2175A	一台
实验电路	一阶RC电路	一块

五、注意事项

(1) 使用前,需阅读各仪器的使用说明,严格遵守操作规程。

(2) 双踪示波器的电源开关不能频繁开启。关机后,应过3min后再开机。光点不要长时间停留在一点上,否则荧光屏可能烧出斑点。

(3) 毫伏表使用完成后要将输入探头短接,并将量程调整到最大量程。

(4) 仪器旋钮和按键用力不宜过猛,以免造成损坏。

(5) 函数发生器、直流稳压电源的输出端不能短接。

(6) 对交流电路观测时应共地连接。

六、实验内容及步骤

1. 扫描基线的调节

将示波器的显示方式开关置于“CH1”或“CH2”,输入耦合方式置于“GND”,触发方式置于“自动”。接通电源,其指示灯亮;稍等预热,屏幕中出现光迹,分别调节辉度和聚焦旋钮,使荧光屏上出现一条又细又亮的扫描基线,调节“垂直位移”和“水平位移”调节旋钮，使得亮线位于荧光屏的中央，上下移动自如。

2. 观察示波器的校正电压波形

通过示波器专用（同轴电缆线）探头，将示波器内部的校准方波信号引入 CH1 输入（X）或 CH2（Y）通道，耦合方式置于“DC”，触发源开关应选择对应的 CH1 或 CH2 输入信号作为触发信号。调节“触发电平”旋钮，使屏上显示出稳定的波形，示波器面板其他旋钮的位置可参考表 1－2。

表 1－2 示波器面板开关或旋钮的初始位置

开关或旋钮名称	位 置	开关或旋钮位置	位 置
输入耦合开关	AC	触发极性	+
触发方式	自动	触发耦合	AC
垂直方式	CH1 或 CH2	触发源开关	CH1 或 CH2
扫描速率	0.5ms/cm	辉度旋钮	适中
灵敏度	1V/cm	聚焦旋钮	适中
微调旋钮	校准		

（1）将扫描速率旋钮置于表 1－3 中所要求的各位置，记下波形在 X 轴方向一个周期所占用的格数 d(cm)，计算相应的频率，并与 1kHz 进行比较。

表 1－3 示波器面板开关位置及测量结果

扫描速率/(ms/cm)	d/cm	T/ms	f/Hz	灵敏度/(V/cm)	h/cm	V(峰—峰)/V
1				0.5		
0.5				1		
0.2				2		

（2）将灵敏度旋钮置于表 1－3 中所要求的各位置，记下波形在 Y 轴方向所占的格数 h(cm)，计算 V(峰—峰)的值，并与 2V 进行比较。有关计算公式为

$$T = d \times \text{扫描速率}, f = \frac{1}{T}, V(\text{峰—峰}) = h \times \text{灵敏度}$$

3. 观察正弦波交流电压波形

调节函数发生器微调旋钮，使输出信号频率按照表 1－4 输出，用专用的探头引入示波器的一个通道。调整示波器有关旋钮，使屏幕上呈大小适中且稳定显示的正弦波。按表 1－4 所列完成实验。

（1）测出波形在 X 轴方向一个周期所占的格数 D(cm)，计算相应的频率。

（2）测出波形峰峰值在 Y 轴方向的格数 h(cm)，按 $U = \frac{h \times \text{灵敏度}}{2} \times \frac{1}{\sqrt{2}}$ 计算出电压的

有效值。

表 1 -4　正弦交流电压的测量

信号值	扫描时间	D	T	f	灵敏度	H	U(峰—峰)	U(有效值)	毫伏表测量值
	(ms/cm)	cm	ms	Hz	(V/cm)	cm	V	V	V
1V,100Hz									
1V,1kHz									
1V,10kHz									
1V,100kHz									
自选幅值、频率									

4. 函数发生器及交流毫伏表的使用

将函数发生器输出衰减分别按输出幅度衰减“0dB”(无衰减)、“-20dB”(衰减 10 倍)、“-40dB”(衰减 100 倍)三种情况,输出波形选择“正弦波”。调节输出信号频率旋钮和幅度旋钮,使函数发生器输出频率为 1kHz,有效值为 3V 的信号(用 DF2175A 交流毫伏表测量电压的有效值),数据记入表 1 -5 中。注意检查函数信号发生器的“输出幅度衰减”按键的位置是否正确。

表 1 -5　函数发生器幅度衰减

测 定 项 目	测定的正弦波信号 1kHz,有效值 3V		
函数发生器幅度衰减	0dB 衰减	-20dB 衰减	-40dB 衰减
交流毫伏表测量的有效值/V			

5. 相位差的测量

(1) 按图 1 -1 连接实验电路,将函数发生器的输出调至 1kHz,有效值为 1V 的正弦波,经一阶 RC 网络获得频率相同但相位不同的两路信号 U_i 和 U_C,分别加到双踪示波器的 CH1 和 CH2 输入端。为便于比较波形的相位差,应使两正弦波的位置处在屏幕的中间位置。

(2) 测量相位一般是指测两个信号的相位差,且两信号必须是同频率的。实验按图 1 -1 接线,图中采用 1kHz、峰—峰值为 1V 的正弦信号,经 RC 移相网络获得不同相的两路信号。

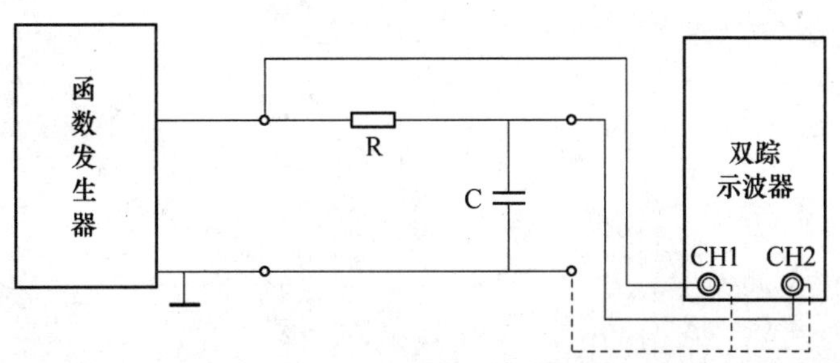

图 1 -1　RC 移相网络连接图

(3) 用示波器观察 RC 相移网络的输入 U_i 与输出 U_C 波形。记录相关波形,并记录有关数据。

(4) 测出上述两个波形之间的相位差。其方法为:调节扫描速度开关的位置,测出波形周期 T 在水平方向上所占的格数 D(cm),以及两个波形的水平差距 K(cm),按下面的公式计算出相位差 φ。将测量和计算结果记入表 1-6 中。

表 1-6　相位差的测量

K/cm	D/cm	相位差 φ(测量值) $\varphi = \frac{360}{d} \times K$	理论值 φ(测量值) $\varphi = \arctan(\omega RC)$

七、报告要求及思考题

(1) 总结正确使用双踪示波器、函数发生器等仪器,用示波器读取被测信号电压值、周期(频率)的方法。

(2) 欲利用示波器测量信号波形上任意两点间的电压,应如何测量?

(3) 被测信号参数与实验仪器技术指标之间有什么关系?如何根据实验要求选择仪器?

(4) 用示波器观察某信号时,要达到以下要求,应调节哪些旋钮?

①使示波器清晰;②使波形稳定;③改变所显示的波形的周期数;④改变所显示的波形的波形大小。

实验二　基尔霍夫定律和叠加原理

一、实验目的

(1) 验证基尔霍夫电压定律。

(2) 验证基尔霍夫电流定律。

(3) 加深对电流、电压参考方向的理解。

(4) 验证叠加定理。

(5) 加深对基尔霍夫定律和叠加原理的内容和适用范围的理解。

二、原理及说明

1. 基尔霍夫定律

基尔霍夫电流定律:在集总参数电路中,任何时刻,对任何节点,所有支路电流的代数和恒等于零,即$\sum I=0$。

基尔霍夫电压定律:在集总参数电路中,任何时刻,沿任一闭合回路内所有支路或元件电压的代数和恒等于零,即$\sum U=0$。

2. 叠加原理

如果把独立电源称为激励,由它引起的支路电压、电流称为响应,则叠加原理可以简述为:在任意线性网络中,多个激励同时作用时,总的响应等于每个激励单独作用时引起的响应之和。具体的方法是:一个电源单独作用时,其他的电源必须去掉(电压源短路、电流源断路)。

叠加定理仅适用于线性电路,对于非线性电路叠加定理不一定成立。

3. 电流测试插孔和插头的使用

在本门实验课电路中,提供了多个测试电路电流专用的插孔,其原理图如图1-2所示。

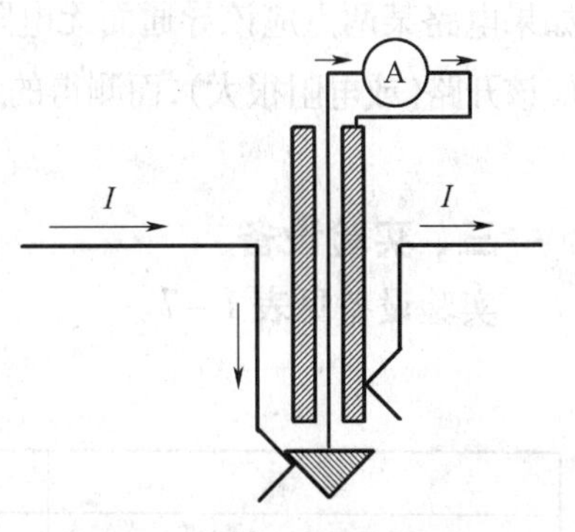

图1-2　电流测试插孔原理图

当需要测量某一支路电流时就可以将插头插入相应的插座中,插头的另一端接入电流表,相当于直接将电流表接入该支路中,电流经过电流表而测出支路电流。若将插头拔出,则电路中的电流不经过电流表而原电路仍然导通。

4. 电压与电流的参考方向

如图 1-3 所示,设电压的参考方向为从 F 到 A,电流方向为从 F 到 A,将数字电压表、数字电流表按图示接入电路后,若电压表示数为正,则电流表示数为正。在实验测量中如果发现数字电压表或者电流表的示数为负,则说明参考方向与实际的电压、电流方向相反。

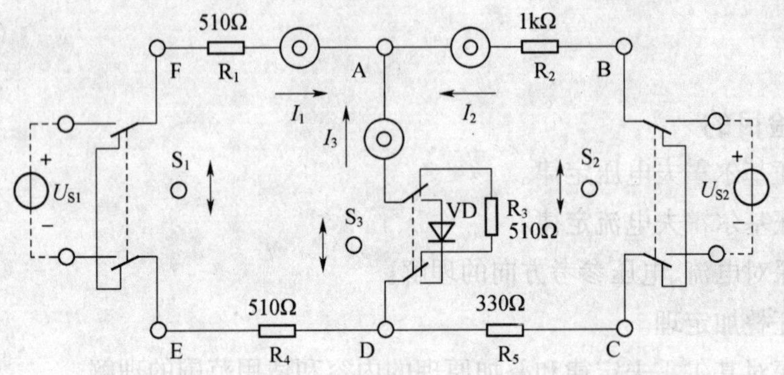

图 1-3 基尔霍夫定律实验电路

5. 检查、分析电路的简单故障

电路常见的简单故障一般出现在连线或元件部分。连线部分的故障通常有连线接错、接触不良而造成的断路等;元件部分的故障通常有接错元件、元件值错、电源输出数值(电压或电流)错等。

故障检查的方法是用万用表(电压挡或电阻挡)或电压表在通电或断电状态下检查电路故障。

(1) 通电检查法:在接通电源的情况下,用万用表的电压挡或电压表测量。根据电路工作原理,如果电路某两点应该有电压,电压表测不出电压,或某两点不应该有电压,而电压表测出了电压,或所测电压值与电路原理不符,则故障必然出现在此两点间。

(2) 断电检查法:在断开电源的情况下,用万用表的电阻挡测量。根据电路工作原理,如果电路某两点应该导通而无电阻(或电阻极小),万用表测出开路(或电阻极大),或某两点应该开路(或电阻很大),而测得的结果为短路(或电阻极小),则故障必然出现在此两点间。

三、实验设备

实验设备见表 1-7。

表 1-7 实验设备

名 称	型号及参数说明	数 量
直流数字电压表	0~20V	一台
直流数字毫安表	0~200mA	一台

（续）

名　称	型号及参数说明	数　量
稳压电源	双路可调直流输出	一台
数字万用表	MY65	一台
基尔霍夫定律实验模块	一阶 RC 电路	一块

四、实验内容

1. 基尔霍夫定律与电位

实验电路如图 1－3 所示，图中的电源 U_{S1} 用恒压源中的（＋5V）输出端，U_{S2} 用 0～＋30V可调电压输出端，并将输出电压调到＋12V（以直流数字电压表读数为准）。实验前先设定三条支路的电流参考方向，如图中的 I_1、I_2、I_3 所示，并熟悉线路结构，掌握电路中各开关的操作使用方法。

（1）了解电流专用插头的结构，将电流插头的红接线端插入数字毫安表的正接线端，电流插头的黑接线端插入数字毫安表的负接线端。

（2）测量支路电流。将电流插头分别插入三条支路的三个电流插座中，读出各个电流值。按规定：在节点 A，电流表读数为“＋”，表示电流流出节点，读数为“－”，表示电流流入节点，然后根据图 1－2 中的电流参考方向，确定各支路电流的正、负号，并记入表 1－8中。

表 1－8　支路电流数据

支路电流	I_1	I_2	I_3
计算值/mA			
测量值/mA			
相对误差/%			

（3）测量元件电压。用直流数字电压表分别测量两个电源及电阻元件上的电压值，将数据记入表 1－9 中。测量时电压表的红（正）接线端应插入被测电压参考方向的高电位（正）端，黑（负）接线端插入被测电压参考方向的低电位（负）端。例如测量 U_{AB}，则电压表的正极接节点 A，负极接节点 B。

表 1－9　各元件电压数据

各元件电压	U_{FA}	U_{AB}	U_{BC}	U_{CD}	U_{DE}	U_{EF}	U_{AD}
计算值/V							
测量值/V							
相对误差/%							

根据表 1－9 测量的结果验证$\sum U=0$（基尔霍夫电压定律）是否成立。

（4）测量电路中相邻两点之间的电压值。在电路中，测量电压 U_{AB}：将电压表的红笔端插入 A 点，黑笔端插入 B 点，读电压表读数，记入表 1－10 中。按同样方法测量 U_{BC}、U_{CD}，测量数据记入表 1－10 中。

表 1－10 电路中各点电位和电压数据 （单位:V）

电位参考点	V_A	V_B	V_C	V_D	计算电压		
					U_{AB}	U_{BC}	U_{CD}
A							
D				0			

2. 叠加原理

（1）U_{S1}电源单独作用（将开关 S_1 投向 U_{S1}侧，开关 S_2 投向短路侧），参考图 1－3，画出电路图，标明各电流、电压的参考方向。

用直流数字毫安表接电流插头测量各支路电流：将电流插头的红接线端插入数字毫安表的红（正）接线端，电流插头的黑接线端插入数字毫安表的黑（负）接线端，测量各支路电流，按规定：在节点 A，电流表读数为“＋”，表示电流流出节点，读数为“－”，表示电流流入节点，然后根据电路中的电流参考方向，确定各支路电流的正、负号，并将数据记入表 1－11 中。

用直流数字电压表测量各电阻元件两端电压：电压表的红（正）接线端应插入被测电阻元件电压参考方向的正端，电压表的黑（负）接线端插入电阻元件的另一端（电阻元件电压参考方向与电流参考方向一致），测量各电阻元件两端电压，数据记入表 1－11 中。

（2）U_{S2}电源单独作用（将开关 S_1 投向短路侧，开关 S_2 投向 U_{S2}侧），画出电路图，标明各电流、电压的参考方向。

（3）U_{S1}和 U_{S2}共同作用时（开关 S_1 和 S_2 分别投向 U_{S1}和 U_{S2}侧），各电流、电压的参考方向如图 1－3 所示 。

完成上述电流、电压的测量并将数据记录记入表 1－11 中。

（4）将 U_{S2}的数值调至＋12V，重复第（2）步的测量，并将数据记录在表 1－11 中。

表 1－11 叠加原理

	I_1/mA	I_2/mA	I_3/mA	U_{AB}/V	U_{BC}/V	U_{BD}/V
U_{S1}单独作用						
U_{S2}单独作用						
U_{S1}、U_{S2}共同作用						
验证叠加原理						

验证叠加定理的方法就是计算一下 U_{S1} 单独作用和 U_{S2} 单独作用时测量值之和与 U_{S1}、U_{S2} 共同作用的测量值是否一致。

五、注意事项

(1) 所有需要测量的电压值,均以电压表测量的读数为准,不以电源表盘指示值为准。

(2) 防止电压源两端接线短路。

(3) 若用指针式电流表进行测量时,要识别电流插头所接电流表的“+、-”极性,倘若不换接极性,则电表指针可能反偏(电流为负值时),此时必须调换电流表极性,重新测量,此时指针正偏,但读得的电流值必须冠以负号。

六、预习与思考题

(1) 根据图1-3的电路参数,计算出待测的电流 I_1、I_2、I_3 和各电阻上的电压值,记入表1-10、表1-11中,以便实验测量时,可正确地选定毫安表和电压表的量程。

(2) 实验中,若用指针万用表直流毫安挡测各支路电流,什么情况下可能出现毫安表指针反偏?应如何处理?在记录数据时应注意什么?若用直流数字毫安表进行测量时,则会有什么显示呢?

七、报告要求

(1) 根据实验数据,选定实验电路中的任一个节点,验证基尔霍夫电流定律(KCL)的正确性。

(2) 根据实验数据,选定实验电路中的任一个闭合回路,验证基尔霍夫电压定律(KVL)的正确性。

实验三　戴维南定理及功率传输最大条件的研究

一、实验目的

（1）用实验方法验证戴维南定理正确性。

（2）学习线性有源二端口网络等效电路参数的测量方法。

（3）验证功率传输最大条件。

二、原理及说明

1. 戴维南定理和诺顿定理

戴维南定理指出：任何一个有源二端网络，总可以用一个电压源 U_S 和一个电阻 R_S 串联组成的实际电压源来代替，其中：电压源 U_S 等于这个有源二端网络的开路电压 U_{OC}，内阻 R_S 等于该网络中所有独立电源均置零（电压源短接，电流源开路）后的等效电阻 R_O。

诺顿定理指出：任何一个有源二端网络，总可以用一个电流源 I_S 和一个电阻 R_S 并联组成的实际电流源来代替，其中：电流源 I_S 等于这个有源二端网络的短路短路 I_{SC}，内阻 R_S 等于该网络中所有独立电源均置零（电压源短接，电流源开路）后的等效电阻 R_O。

U_S、R_S 和 I_S、R_S 称为有源二端网络的等效参数。

2. 有源二端网络等效参数的测量方法

1）开路电压、短路电流法

在有源二端网络输出端开路时，用电压表直接测其输出端的开路电压 U_{OC}，然后再将输出端短路，测其短路电流 I_{SC}，且内阻为 $R_S = U_{OC}/I_{SC}$。若有源二端网络的内阻值很低时，则不宜测其短路电流。

2）伏安法

一种方法是用电压表、电流表测出有源二端网络的外特性曲线，如图 1 - 4 所示。开路电压为 U_{OC}，根据外特性曲线求出斜率 $\tan\varphi$，则内阻为

$$R_S = \tan\varphi = \frac{\Delta U}{\Delta I}$$

另一种方法是测量有源二端网络的开路电压 U_{OC}、额定电流 I_N 和对应的输出端额定电压 U_N，如图 1 - 4 所示，则内阻为

$$R_S = \frac{U_{OC} - U_N}{I_N}$$

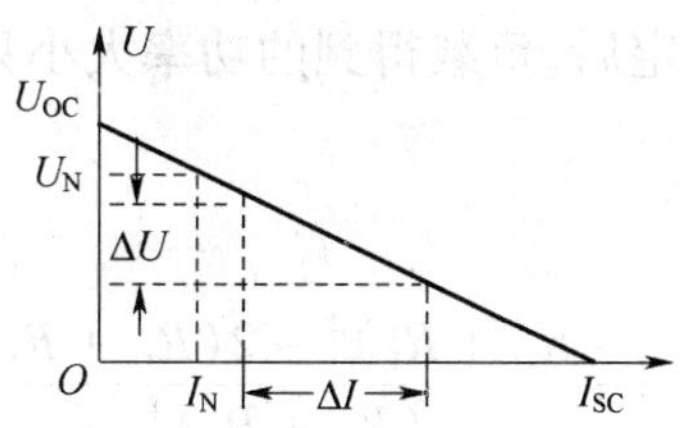

图 1－4　二端口网络电流电压关系曲线

3）半电压法

如图 1－5 所示，当负载电压为被测网络开路电压 U_{OC} 一半时，负载电阻 R_L 的大小（由电阻箱的读数确定）即为被测有源二端网络的等效内阻 R_S 数值。

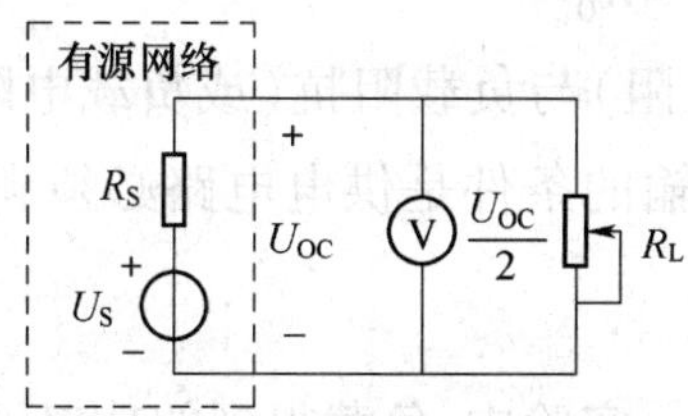

图 1－5　半电压法原理图

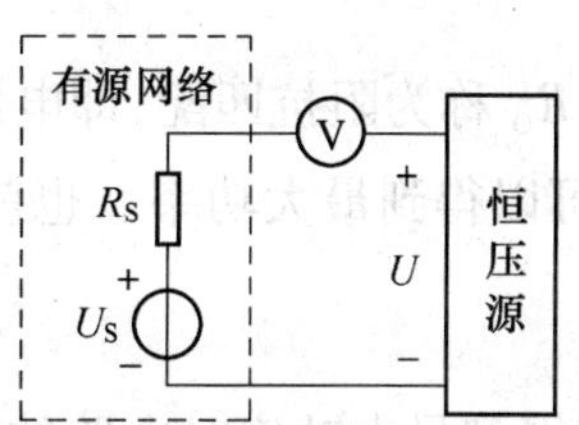

图 1－6　零示法原理图

4）零示法

在测量具有高内阻有源二端网络的开路电压时，用电压表进行直接测量会造成较大的误差，为了消除电压表内阻的影响，往往采用零示测量法，如图 1－6 所示。零示法测量原理是用一低内阻的恒压源与被测有源二端网络进行比较，当恒压源的输出电压与有源二端网络的开路电压相等时，电压表的读数将为“0”，然后将电路断开，测量此时恒压源的输出电压 U，即为被测有源二端网络的开路电压。

3. 功率传输电路

实验设备电源向负载供电的电路如图 1－7 所示，图中 R_0 为电源内阻，R_L 为负载电阻。当电路电流为 I 时，负载 R_L 得到的功率为

$$P_L = I^2 R_L = \left(\frac{U_S}{R_0 + R_L}\right)^2 \times R_L$$

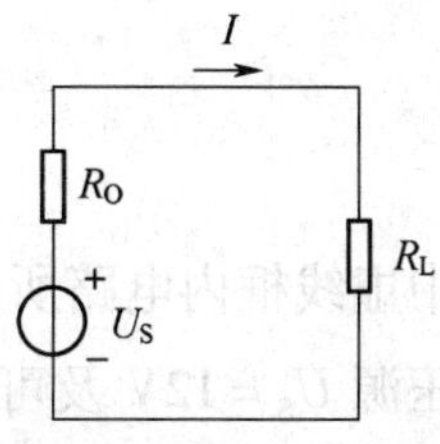

图 1－7　功率传输电路

可见,当电源 U_S 和 R_S 确定后,负载得到的功率大小只与负载电阻 R_L 有关。

令$\frac{dP_L}{dR_L}=0$,则

$$\frac{dP_L}{dR_L}=\frac{(R_0+R_L)^2-2(R_0+R_L)}{(R_0+R_L)^4}\cdot U_S^2$$
$$=\frac{R_0^2-R_L^2}{(R_0+R_L)^4}\cdot U_S^2$$
$$=0$$

解得:$R_L=R_0$ 时,负载得到最大功率:$P_L=P_{L\max}=\frac{U_S^2}{4R_0}$。

$R_L=R_0$ 称为阻抗匹配,即电源的内阻抗(或内电阻)与负载阻抗(或负载电阻)相等时,负载可以得到最大功率。也就是说,最大功率传输的条件是供电电路必须满足阻抗匹配。

负载得到最大功率时电路的效率:$\eta=\frac{P_L}{U_SI}=50\%$。实验中,负载得到的功率可利用电压表、电流表测量的结果计算得出。

三、实验设备

实验设备见表1-12。

表1-12　实验设备

名　称	型号及参数说明	数　量
直流数字电压表	0~20V	一块
直流数字毫安表	0~200mA	一块
稳压电源	双路可调直流输出	一台
恒源流	0~500mA 可调	一台
戴维南定理实验模块		一块
电阻箱		一台
数字万用表	MY65	一块

四、实验内容

被测有源二端网络如图1-8中虚线框内电路所示。

(1) 图1-8所示线路接入稳压源 $U_S=12V$ 及可变电阻 R_L。先断开 R_L,测网络端口开路电压 U_{OC}(V),然后短接 R_L,测短路电流 I_{SC}(mA),并计算出网络内阻 $R_0=U_{OC}/I_{SC}$,填入表1-13。

表 1-13 实验数据

U_{OC}/V	I_{SC}/mA	$R_0=U_{OC}/I_{SC}$

(2) 二端口网络伏安特性。电路如图 1-8 所示，U_S 接入 12V 直流电压，电压 U_S 用 0 ~ +30V 可调电压输出端，并将输出电压调到 +12V(以直流数字电压表读数为准)。

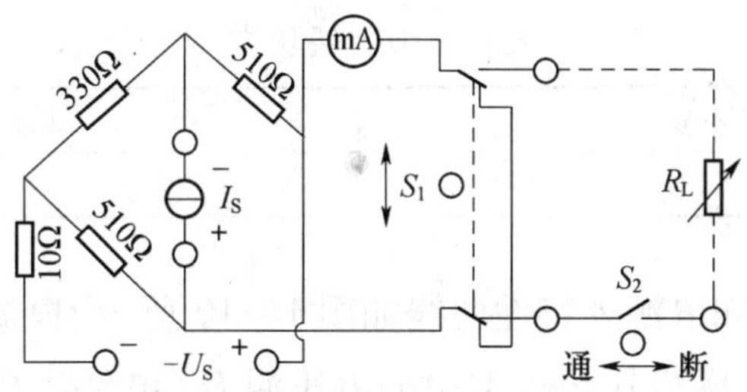

图 1-8 戴维南定理实验电路图

改变 R_L 阻值，测量有源二端网络的外特性，填入表 1-14。

表 1-14 实验数据

R_L/Ω	1000	900	800	700	600	500	400	300	200	100
U/V										
I/mA										

(3) 验证戴维南定理：实验电路为图 1-9，其中电阻 R_0 为步骤(1)所得的等效电阻 R_0 值，连接电路时可以用 1kΩ 滑动变阻器，将其阻值调整到等于 R_0，然后令其与直流稳压电源(调到步骤(1)时所测得的开路电压 U_{OC}之值)相串联，仿照步骤(2)测其特性，将数据填入表 1-15，对戴维南定理进行验证。

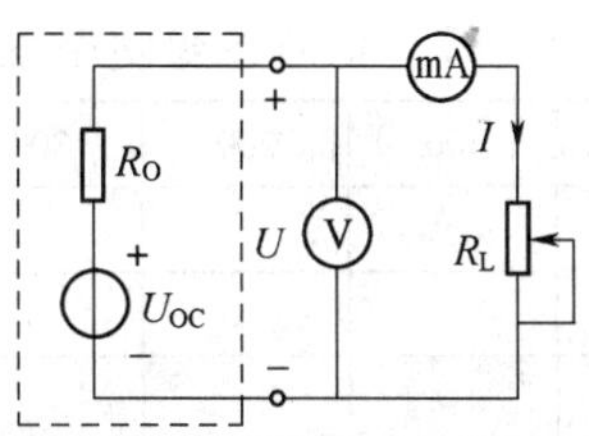

图 1-9 戴维南定理等效电路

表 1-15 实验数据

$R_L/(\Omega)$	1000	900	800	700	600	500	400	300	200	100
U/V										
I/mA										

(4)（选做）测定有源二端网络等效电阻（又称入端电阻）的其他方法：将被测有源网络内的所有独立源置零（将电流源 I_S 去掉，也去掉电压源，并在原电压端所接的两点用一根短路导线相连），然后用伏安法或者直接用万用表的欧姆挡去测定负载 R_L 开路后 A、B 两点间的电阻，此即为被测网络的等效内阻 R_{eq} 或称网络的入端电阻 R_1。

(5)（选做）用半电压法和零示法测量被测网络的等效内阻 R_0 及其开路电压 U_{OC}（表 1－16）。

表 1－16　实验数据

R_0/Ω	U_{OC}/V

(6) 设计电源。已知电源外特性曲线如图 1－10 所示，根据图中给出的开路电压和短路电流数值，计算出实际电压源模型中的电压源 U_S 和内阻 R_S。实验中，电压源 U_S 选用恒压源的可调稳压输出端，内阻 R_S 选用固定电阻。

(7) 测量电路传输功率。用上述设计的实际电压源与负载电阻 R_L 相连，电路如图 1－11所示，图中 R_L 选用电阻箱，从 0～600Ω 改变负载电阻 R_L 的数值，测量对应的电压、电流，将电压表和电流表读数数据记入表 1－17 中。

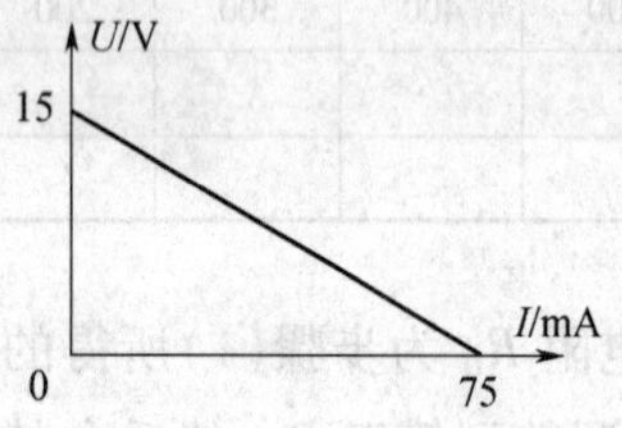

图 1－10　带有内阻的电压源电流电压关系曲线

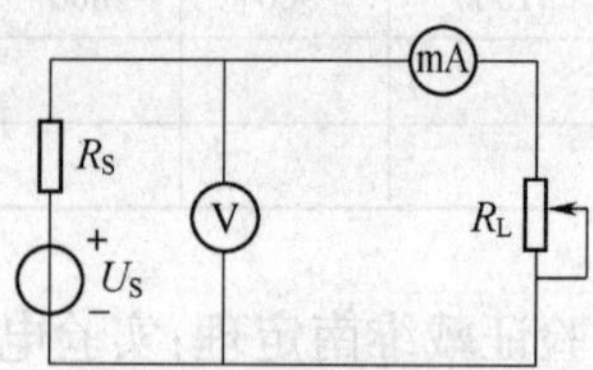

图 1－11　传输功率测试电路

表 1－17　电路传输功率数据

R_L/Ω	0	100	200	300	400	500	600
U/V							
I/mA							
P_L/mW							
$\eta=\frac{P_L}{U_S I}\times 100\%$							

五、注意事项

(1) 测量时，注意电流表量程的更换。

(2) 改接线路时，要关掉电源。

六、预习与思考题

（1）如何测量有源二端网络的开路电压和短路电流？在什么情况下不能直接测量开路电压和短路电流？

（2）说明测量有源二端网络开路电压及等效内阻的几种方法，并比较其优缺点。

（3）什么是阻抗匹配？电路传输最大功率的条件是什么？

（4）电路传输的功率和效率如何计算？

七、报告要求

（1）根据步骤（2）和（3），分别绘出 U—I 曲线，验证戴维南定理的正确性，并分析产生误差的原因。

（2）根据步骤（1）、（4）、（5）各种方法测得的 U_{OC} 与 R_0 与预习时电路计算的结果作比较，能得出什么结论？

（3）根据表 1-17 的实验数据，计算出对应的负载功率 P_L，并画出负载功率 P_L 随负载电阻 R_L 变化的曲线，找出传输最大功率的条件。

实验四 电压源与电流源的等效变换

一、实验目的

(1) 掌握建立电源模型的方法。

(2) 掌握电源外特性的测试方法。

(3) 加深对电压源和电流源特性的理解。

(4) 研究电源模型等效变换的条件。

二、原理及说明

1. 电压源和电流源

电压源具有端电压保持恒定不变,而输出电流的大小由负载决定的特性。其外特性,即端电压 U 与输出电流 I 的关系 $U = f(I)$ 是一条平行于 I 轴的直线(图 1-12(a))。实验中使用的恒压源在规定的电流范围内,具有很小的内阻,可以将它视为一个电压源。

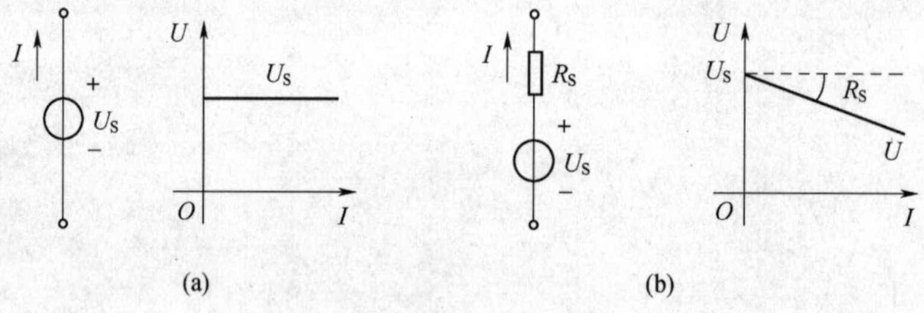

图 1-12 电压源电流电压关系

(a) 理想电压源;(b) 实际电压源。

电流源具有输出电流保持恒定不变,而端电压的大小由负载决定的特性。其外特性,即输出电流 I 与端电压 U 的关系 $I = f(U)$ 是一条平行于 U 轴的直线(图 1-13(a))。实验中使用的恒流源在规定的电流范围内,具有极大的内阻,可以将它视为一个电流源。

2. 实际电压源和实际电流源

实际上任何电源内部都存在电阻,通常称为内阻。因而,实际电压源可以用一个内阻 R_S 和电压源 U_S 串联表示,其端电压 U 随输出电流 I 增大而降低(图 1-12(b))。在实验中，可以用一个小阻值的电阻与恒压源相串联来模拟一个实际电压源。

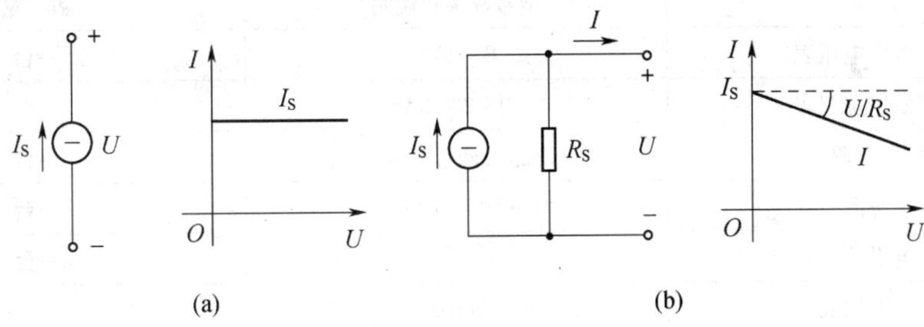

图 1－13　电流源电压电流关系

（a）理想电流源；（b）实际电流源。

实际电流源是用一个内阻 R_S 和电流源 I_S 并联表示，其输出电流 I 随端电压 U 增大而减小（图 1－13（b））。在实验中，可以用一个大阻值的电阻与恒流源相并联来模拟一个实际电流源。

3. 实际电压源和实际电流源的等效互换

一个实际的电源，就其外部特性而言，既可以看成是一个电压源，又可以看成是一个电流源。若视为电压源，则可用一个电压源 U_S 与一个电阻 R_S 相串联表示；若视为电流源，则可用一个电流源 I_S 与一个电阻 R_S 相并联来表示（图 1－14）。若它们向同样大小的负载供出同样大小的电流和端电压，则称这两个电源是等效的，即具有相同的外特性。

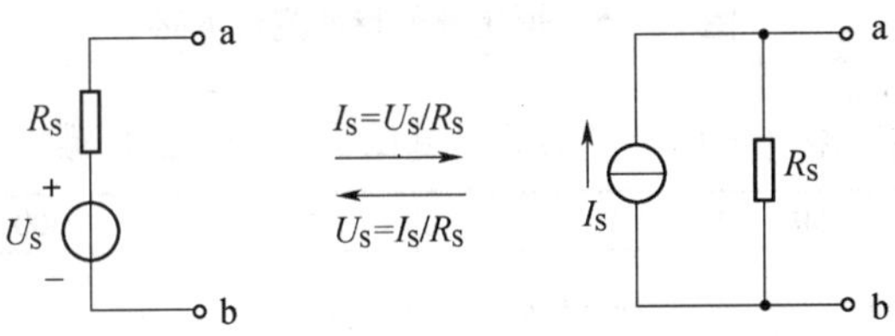

图 1－14　电压源与电流源等效变换

实际电压源与实际电流源等效变换的条件如下：

（1）取实际电压源与实际电流源的内阻均为 R_S；

（2）已知实际电压源的参数为 U_S 和 R_S，则实际电流源的参数为 $I_S=\dfrac{U_S}{R_S}$ 和 R_S，若已知实际电流源的参数为 I_S 和 R_S，则实际电压源的参数为 $U_S=I_SR_S$ 和 R_S。

三、实验设备

实验设备见表 1－18。

表 1－18　实验设备

名　称	型号及参数说明	数　量
直流数字电压表	0～20V	一台
直流数字毫安表	0～200mA	一台
稳压电源	双路可调直流输出	一台
恒源流	0～500mA 可调	一台
电阻箱		一台
数字万用表	MY65	一台
固定电阻、电位器等		若干

四、实验内容

1. 测定电压源(恒压源)与实际电压源的外特性

实验电路如图 1－15 所示，图中的电源 U_S 用恒压源中的 +5V 输出端，R_1 取 200Ω 的固定电阻，R_2 用电阻箱实现。调节电位器 R_2，令其阻值由大至小变化，将电流表、电压表的读数记入表 1－19 中。

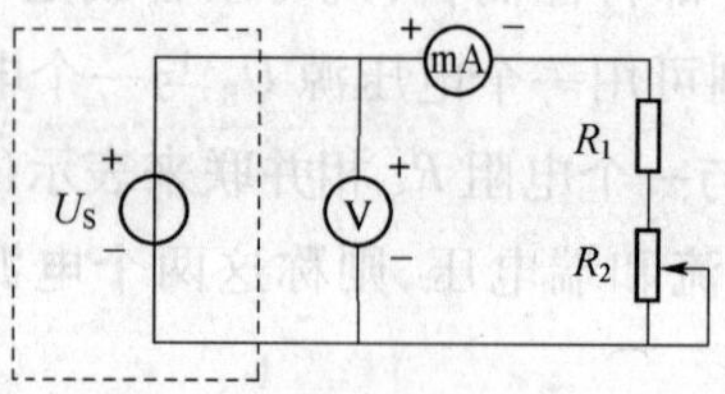

图 1－15　恒压源外特性测量电路

表 1－19　电压源(恒压源)外特性数据

R_2/Ω	100	150	200	250	300	350	400
I/mA							
U/V							

在图 1－15 电路中，将电压源改成实际电压源，如图 1－16 所示，图中内阻 R_S 取 51Ω 的固定电阻(为了实验效果更明显串联一个电阻充当内阻)，调节电位器 R_2，令其阻值由大至小变化，将电流表、电压表的读数记入表 1－20 中。

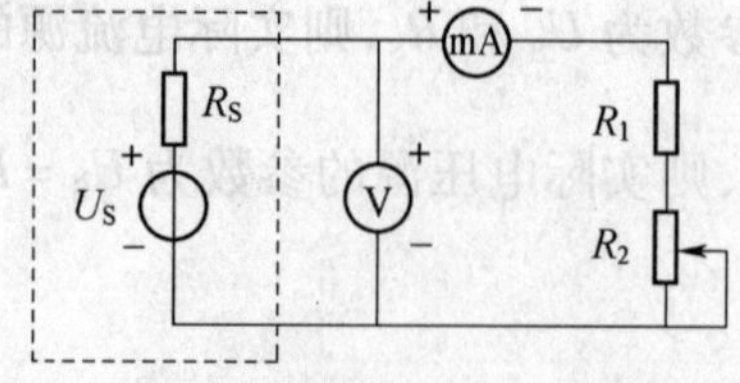

图 1－16　实际电压源外特性测试电路

表 1-20　实际电压源外特性数据

R_2/Ω	100	150	200	250	300	350	400
I/mA							
U/V							

2. 测定电流源(恒流源)与实际电流源的外特性

按图 1-17 接线,图中 I_S 为恒流源,调节其输出为 5mA(用毫安表测量),R_2 取 470Ω 的电位器,在 R_S 分别为 1kΩ 和∞两种情况下,调节电位器 R_2,令其阻值由大至小变化,将电流表、电压表的读数记入表 1-21 中。

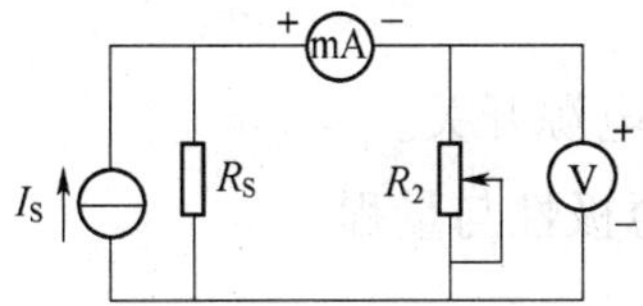

图 1-17　恒流源外特性测试电路

表 1-21　电流源外特性数据

	R_2/Ω	100	200	300	400	500	600
$R_S=1\text{k}\Omega$	I/mA						
	U/V						
$R_S=\infty$	I/mA						
	U/V						

3. 研究电源等效变换的条件

按图 1-18 电路接线,其中图(a)、图(b)中的内阻 R_S 均为 51Ω,负载电阻 R 均为 200Ω。

在图 1-18 (a)电路中,U_S 用恒压源中的 +5V(+6V)输出端,记录电流表、电压表的读数。然后调节图 1-18 (b)电路中恒流源 I_S,令两表的读数与图 1-18(a)的数值相等,记录 I_S 之值,验证等效变换条件的正确性(表 1-22)。

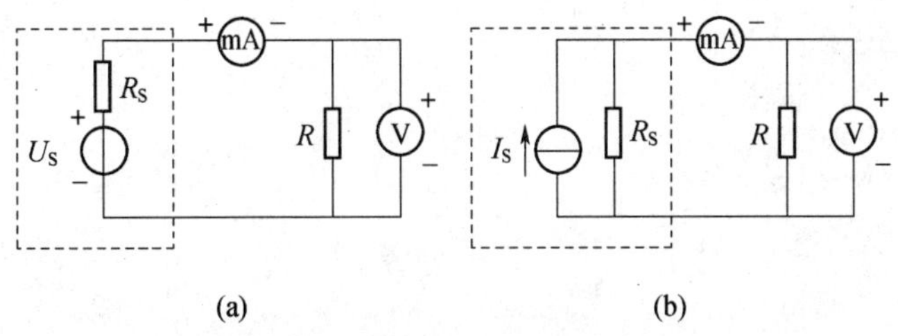

图 1-18　电源等效变换验证电路

表 1-22　电压源与电流源等效替换数据

	U_S	I_S	电流表读数	电压表读数
图 1-18(a)				
图 1-18(b)				

五、注意事项

(1) 在测电压源外特性时,不要忘记测空载($I=0$)时的电压值;测电流源外特性时,不要忘记测短路($U=0$)时的电流值,注意恒流源负载电压不可超过 20V,负载更不可开路。

(2) 换接线路时,必须关闭电源开关。

(3) 直流仪表的接入应注意极性与量程。

六、预习与思考题

(1) 电压源的输出端为什么不允许短路?电流源的输出端为什么不允许开路?

(2) 实际电压源与实际电流源的外特性为什么呈下降变化趋势?下降的快慢受哪个参数影响?

七、报告要求

(1) 根据实验数据绘出电源的四条外特性曲线,并总结、归纳两类电源的特性。

(2) 从实验结果验证电源等效变换的条件。

(3) 回答思考题。

实验五　串联谐振电路的研究

一、实验目的

(1) 加深理解电路发生谐振的条件、特点，掌握电路品质因数(电路 Q 值)、通频带的物理意义及其测定方法。

(2) 学习用实验方法绘制 R、L、C 串联电路不同 Q 值下的幅频特性曲线。

(3) 熟练使用信号源、频率计和交流毫伏表。

二、原理及说明

在图 1-19 所示的 R、L、C 串联电路中，电路复阻抗 $Z=R+j(\omega L-\frac{1}{\omega C})$，当 $\omega L=\frac{1}{\omega C}$ 时，$Z=R$，$\dot{U}$ 与 $\dot{I}$ 同相，电路发生串联谐振，谐振角频率 $\omega_0=\frac{1}{\sqrt{LC}}$，谐振频率 $f_0=\frac{1}{2\pi\sqrt{LC}}$。

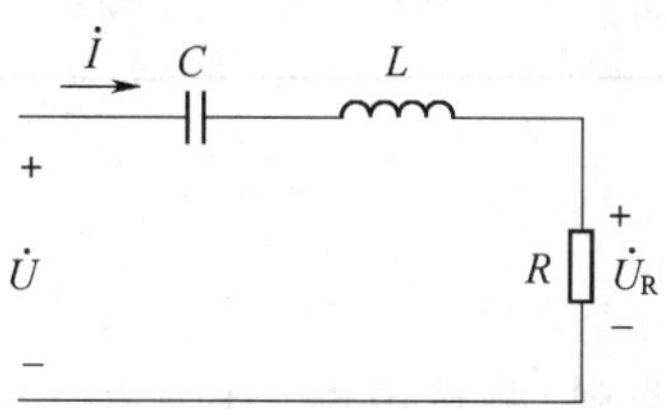

图 1-19　RLC 串联谐振电路

在图 1-19 所示电路中，若 $\dot{U}$ 为激励信号，$\dot{U}_R$ 为响应信号，其幅频特性曲线如图 1-20 所示，在 $f=f_0$ 时，$A=1$，$U_R=U$，$f\neq f_0$ 时，$U_R<U$，呈带通特性。$A=0.707$，即 $U_R=0.707U$ 所对应的两个频率 f_L 和 f_H 为下限频率和上限频率，f_H-f_L 为通频带。通频带的宽窄与电阻 R 有关，不同电阻值的幅频特性曲线如图 1-21 所示。

电路发生串联谐振时，$U_R=U$，$U_L=U_C=Q_U$，Q 称为品质因数，与电路的参数 R、L、C 有关。Q 值越大，幅频特性曲线越尖锐，通频带越窄，电路的选择性越好，在恒压源供电时，电路的品质因数、选择性与通频带只取决于电路本身的参数，而与信号源无关。在本实验中，用交流毫伏表测量不同频率下的电压 U、U_R、U_L、U_C，绘制 R、L、C 串联电路的幅频特性曲线，并根据 $\Delta f=f_H=f_L$ 计算出通频带，根据 $Q=\frac{U_L}{U}=\frac{U_C}{U}$ 或 $Q-\frac{f_0}{f_H-f_L}$ 计算出品质因数。

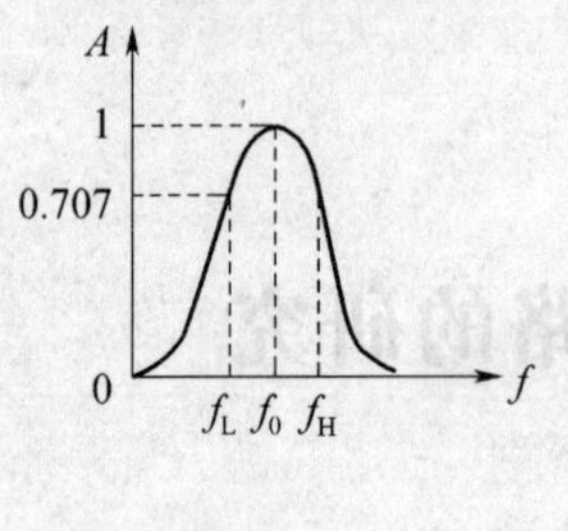

图 1-20

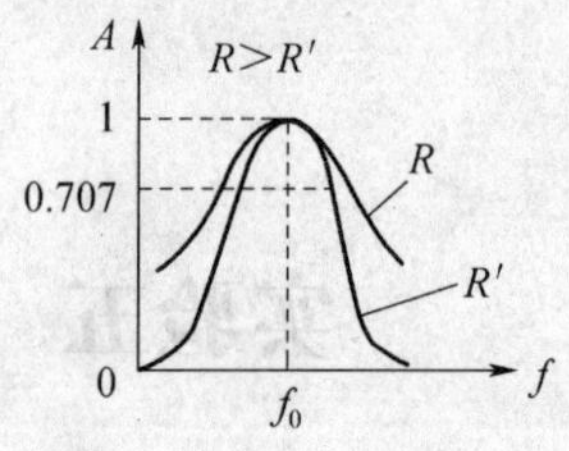

图 1-21

三、实验设备

实验设备见表 1-23。

表 1-23　实验设备

名　称	型号及参数说明	数　量
函数发生器		一台
高频电压表		一块
毫伏表	DF2175A	一台
示波器	YB4320F	一台
RLC 串联谐振模块		一块

四、实验内容

(1) 按图 1-22 所示组成监视、测量电路,其中 $R=510\Omega, L=15\text{mH}, C=0.01\mu\text{F}$,用交流毫伏表测电压,用示波器监视信号源输出,令其输出幅值等于 1V,并保持不变。

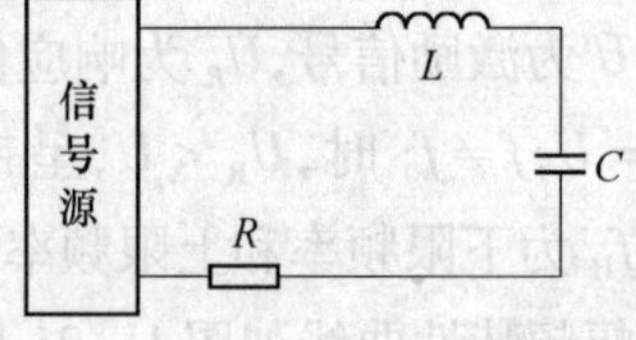

图 1-22　RLC 串联谐振电路

(2) 找出电路的谐振频率 f_0,其方法是,将毫伏表接在 R(510Ω)两端,令信号源的频率由小逐渐变大(注意要维持信号源的输出幅度不变),当 U_R 的读数为最大时,读得频率计上的频率值即为电路的谐振频率 f_0,并测量 U_C 与 U_L 之值。

(3) 在谐振点两侧,按频率递增或递减 1kHz~10kHz,依次各取 8 个测量点,逐点测出 U_R、U_C 与 U_L 之值,记入表 1-24。

表 1-24　实验数据

f/kHz													
V_O/V													
V_L/V													
V_C/V													

(4) 改变电阻值(R 为 1500Ω),重复步骤(2)、(3)的测量过程,记入表 1-25。

表 1-25　实验数据

f/kHz													
V_O/V													
V_L/V													
V_C/V													

五、注意事项

(1) 测试频率点的选择应在靠近谐振频率附近多取几点,在改变频率时,应调整信号输出电压,使其维持在 1V 不变。

(2) 在测量 U_L 和 U_C 数值前,应将毫伏表的量限改大约 10 倍,而且在测量 U_L 与 U_C 时毫伏表的"+"端接电感与电容的公共点 4。

六、预习与思考题

(1) 根据实验电路元件参数值,估算电路的谐振频率,与实测理论值相比较的相对误差是多少?

(2) 改变电路的哪些参数可以使电路发生谐振?电路中 R 的数值是否影响谐振频率?

(3) 如何判别电路是否发生谐振?测试谐振点的方案有哪些?

(4) 要提高 R、L、C 串联电路的品质因数,电路参数应如何改变?

七、报告要求

(1) 电路谐振时,比较输出电压 U_R 与输入电压 U 是否相等?U_L 和 U_C 是否相等?试分析原因。

(2) 根据测量数据,在对数坐标纸上绘出三条幅频特性曲线:

$$U_R = f(f), U_L = f(f), U_C = f(f)$$

(3) 计算出通频带与 Q 值,说明不同 R 值时对电路通频带与品质因数的影响。

实验六　无源滤波器的设计及特性测试

一、实验目的

(1) 研究 RC 串、并联电路。

(2) 学会用交流毫伏表和示波器测定 RC 网络的幅频特性和相频特性。

(3) 熟悉文氏电桥电路的结构特点及选频特性。

二、原理及说明

RC 串、并联电路的频率特性如图 1－23 所示，用公式表示为

$$N(j\omega) = \frac{\dot{U}_o}{\dot{U}_i} = \frac{1}{3 + j(\omega RC - \frac{1}{\omega RC})}$$

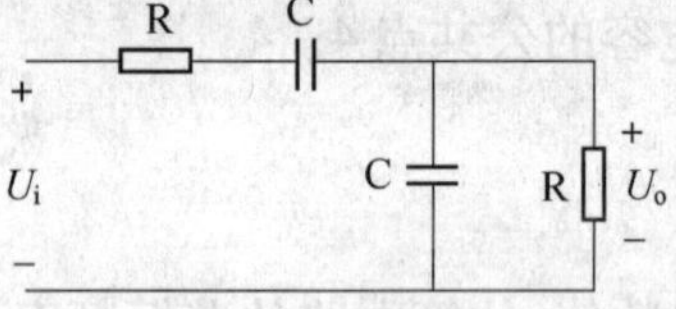

图 1－23　RC 串、并联电路的频率特性

其中幅频特性为

$$A(\omega) = \frac{U_o}{U_i} = \frac{1}{\sqrt{3^2 + (\omega RC - \frac{1}{\omega RC})^2}}$$

相频特性为

$$\varphi(\omega) = \varphi_o - \varphi_i = -\arctan\frac{\omega RC - \frac{1}{\omega RC}}{3}$$

幅频特性和相频特性曲线如图 1－24 所示，幅频特性呈带通特性。

当角频率 $\omega = \frac{1}{RC}$ 时，$A(\omega) = \frac{1}{3}$，$\varphi(\omega) = 0°$，U_o 与 U_i 同相，即电路发生谐振，谐振频率 $f_0 = \frac{1}{2\pi RC}$。也就是说，当信号频率为 f_0 时，RC 串、并联电路的输出电压 U_o 与输入电压 U_i

同相,其大小是输入电压的1/3。图1-25表明用交流毫伏表和双踪示波器测量RC网络频率特性的测试图,在图中,测量幅频特性:保持信号源输出电压(即RC网络输入电压)U_i恒定,改变频率f,用交流毫伏表监视U_i,并测量对应的RC网络输出电压U_o,计算出它们的比值$A = U_o/U_i$,然后逐点描绘出幅频特性。

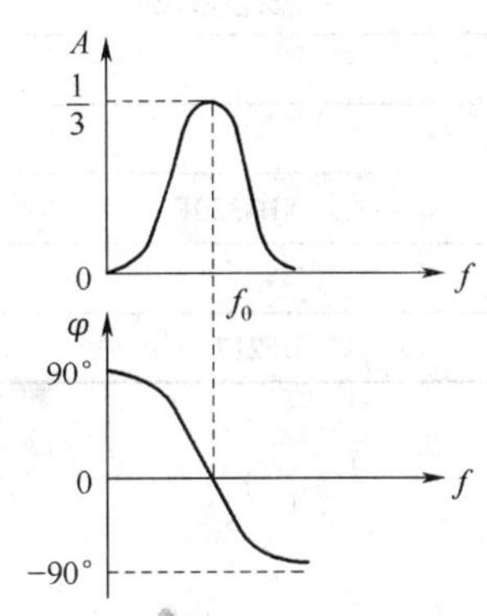

图1-24 幅频特性与相频特性

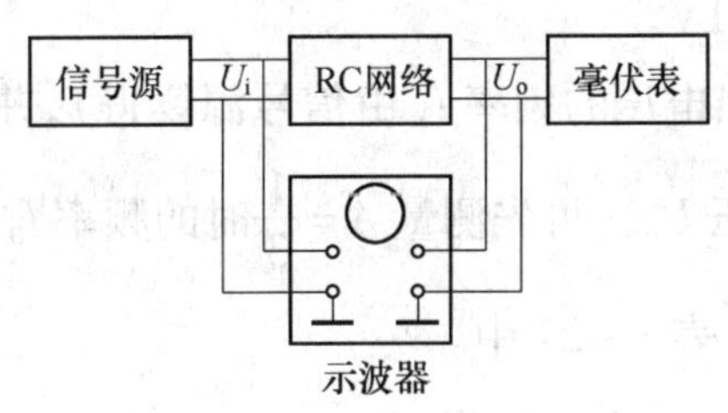

图1-25 实验接线图

测量相频特性:保持信号源输出电压(即RC网络输入电压)U_i恒定,改变频率f,用交流毫伏表监视U_i,用双踪示波器观察U_o与U_i波形,如图1-26所示,若两个波形的延时为Δt,周期为T,则它们的相位差$\varphi = \frac{\Delta t}{T} \times 360°$,然后逐点描绘出相频特性。

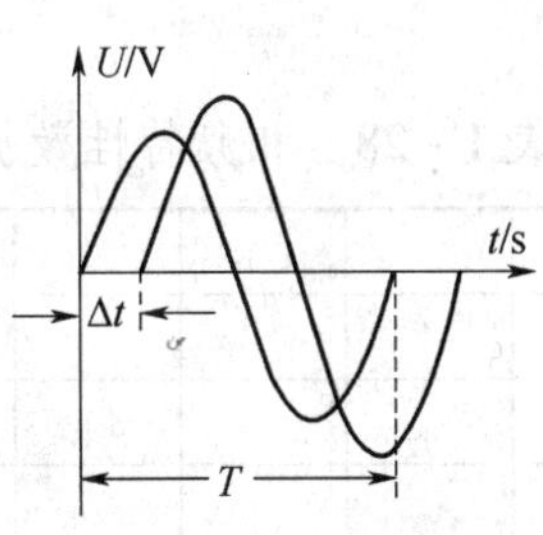

图1-26 相位差测量方法

三、实验设备

实验设备见表1－26。

表1－26　实验设备

名　称	型号及参数说明	数　量
函数发生器		一台
高频电压表		一块
双踪示波器	YB4320F	一台
RC网络组件		一块
毫伏表	DF2175A	一台

四、实验内容

1. 测量RC串、并联电路的幅频特性

实验电路如图1－25所示，信号源输出正弦波电压作为电路的输入电压 U_i，调节信号源输出电压幅值，使 $U_i = 1V$。

改变信号源正弦波输出电压的频率 f（由信号源读得），并保持 $U_i = 1V$ 不变（用交流毫伏表监视），测量输出电压 U_o，（可先测量 $A = \frac{1}{3}$ 时的频率 f_0，然后再在 f_0 左右选几个频率点，测量 U_o），将数据记入表1－27中。

表1－27　幅频特性数据

$R = 2k\Omega, C = 0.22\mu F$	f/Hz									
	U_o/V									

2. （选做）测量RC串、并联电路的相频特性

实验电路如图1－25所示，按实验原理中测量相频特性的说明，实验步骤同实验1，将实验数据记入表1－28中。

表1－28　相频特性数据

$R = 2k\Omega$ $C = 0.22\mu F$	f/Hz									
	T/ms									
	Δt/ms									
	φ/(°)									

3. 设计高通滤波器利用电阻电容等器件设计下限截止频率为10kHz的高通滤波器，其中的电容电阻参数如何选择？自拟实验步骤及实验表格，验证所设计的滤波器特性，画

出幅频特性曲线。

五、注意事项

由于信号源内阻的影响,注意在调节输出电压频率时,应同时调节输出电压大小,使实验电路的输入电压保持不变。

六、预习与思考题

(1) 根据电路参数,估算 RC 串并联电路的谐振频率。

(2) 推导 RC 串、并联电路的幅频、相频特性的数学表达式。

(3) 什么是 RC 串、并联电路的选频特性? 当频率等于谐振频率时,电路的输出、输入有何关系?

七、报告要求

根据表 1-27 和表 1-28 所列实验数据,在对数坐标纸上绘制 RC 串、并联电路的幅频特性和相频特性曲线,找出谐振频率和幅频特性的最大值,并与理论计算值比较。指出可能造成误差的原因。

实验七　安全用电常识

电能可以为人类服务,为人类造福。但若不能正确使用电器,违反电气操作规程或疏忽大意,则可能造成设备损坏、火灾,甚至人身伤亡等严重事故。因此,懂得安全用电的常识和技术是必要的。

一、触电的概念

触电是由于人体直接接触电源,受到一定量的电流通过人体致使组织损伤和功能障碍甚至死亡。触电时间越长,机体的损伤越严重。低电压电流可使心跳停止(或发生心室纤维颤动),继之呼吸停止。高压电流由于对中枢神经系统强力刺激,先使呼吸停止,再随之心跳停止。雷击是极强的静电电击。高电压可使局部组织温度高达2000℃~4000℃。闪电为一种静电放电,在闪电一瞬间的温度更高,可迅速引起组织损伤和“炭化”。肢体肌肉和肌腱受电热灼伤后,局部水肿,压迫血管,常伴有小营养血管闭塞,引起远端组织缺血、坏死。

二、触电的分类

1. 按照触电事故的构成方式分类

1) 电击

电击是电流对人体内部组织的伤害,是最危险的一种伤害,绝大多数(大约85%以上)的触电死亡事故都是由电击造成的。

电击的主要特征有:

(1) 伤害人体内部。

(2) 在人体的外表没有显著的痕迹。

(3) 致命电流较小。

按照发生电击时电气设备的状态,电击可分为直接接触电击和间接接触电击。

(1) 直接接触电击:直接接触电击是触及设备和线路正常运行时的带电体发生的电击(如误触接线端子发生的电击),也称为正常状态下的电击。

(2) 间接接触电击:间接接触电击是触及正常状态下不带电,而当设备或线路故障时意外带电的导体发生的电击(如触及漏电设备的外壳发生的电击),也称为故障状态下的电击。

2）电伤

电伤是由电流的热效应、化学效应、机械效应等效应对人造成的伤害。触电伤亡事故中，纯电伤性质的及带有电伤性质的约占75%（电烧伤约占40%）。尽管大约85%以上的触电死亡事故是电击造成的，但其中大约70%的含有电伤成分。对专业电工自身的安全而言，预防电伤具有更加重要的意义。

（1）电烧伤是电流的热效应造成的伤害，分为电流灼伤和电弧烧伤。

① 电流灼伤是人体与带电体接触，电流通过人体由电能转换成热能造成的伤害。电流灼伤一般发生在低压设备或低压线路上。

② 电弧烧伤是由弧光放电造成的伤害，分为直接电弧烧伤和间接电弧烧伤。前者是带电体与人体之间发生电弧，有电流流过人体的烧伤；后者是电弧发生在人体附近对人体的烧伤，包含熔化了的炽热金属溅出造成的烫伤。直接电弧烧伤是与电击同时发生的。

电弧温度高达8900℃以上，可造成大面积、大深度的烧伤，甚至烧焦、烧掉四肢及其他部位。大电流通过人体，也可能烘干、烧焦机体组织。高压电弧的烧伤较低压电弧严重，直流电弧的烧伤较工频交流电弧严重。

发生直接电弧烧伤时，电流进、出口烧伤最为严重，体内也会受到烧伤。与电击不同的是，电弧烧伤都会在人体表面留下明显痕迹，而且致命电流较大。

（2）皮肤金属化是在电弧高温的作用下，金属熔化、汽化，金属微粒渗入皮肤，使皮肤粗糙而张紧的伤害。皮肤金属化多与电弧烧伤同时发生。

（3）电烙印是在人体与带电体接触的部位留下的永久性斑痕。斑痕处皮肤失去原有弹性、色泽，表皮坏死，失去知觉。

（4）机械性损伤是电流作用于人体时，由于中枢神经反射和肌肉强烈收缩等作用导致的机体组织断裂、骨折等伤害。

（5）电光眼是发生弧光放电时，由红外线、可见光、紫外线对眼睛的伤害。电光眼表现为角膜炎或结膜炎。

2. 按照人体触及带电体的方式和电流流过人体的途径分类

1）单相触电（图1－27）

当人体直接碰触带电设备其中的一相时，电流通过人体流入大地，这种触电现象称为

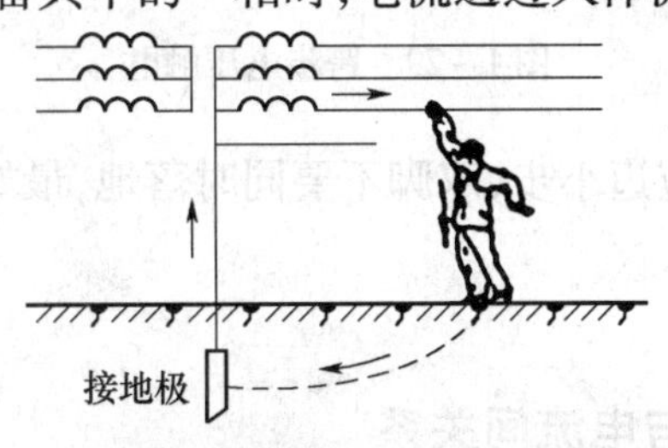

图1－27　单相触电

单相触电。对于高压带电体，人体虽未直接接触，但由于超过了安全距离，高电压对人体放电，造成单相接地而引起的触电，也属于单相触电。

低压电网通常采用变压器低压侧中性点直接接地和中性点不直接接地(通过保护间隙接地)的接线方式。

2）两相触电(图1－28)

人体同时接触带电设备或线路中的两相导体，或在高压系统中，人体同时接近不同相的两相带电导体，而发生电弧放电，电流从一相导体通过人体流入另一相导体，构成一个闭合回路，这种触电方式称为两相触电。

发生两相触电时，作用于人体上的电压等于线电压，这种触电是最危险的。

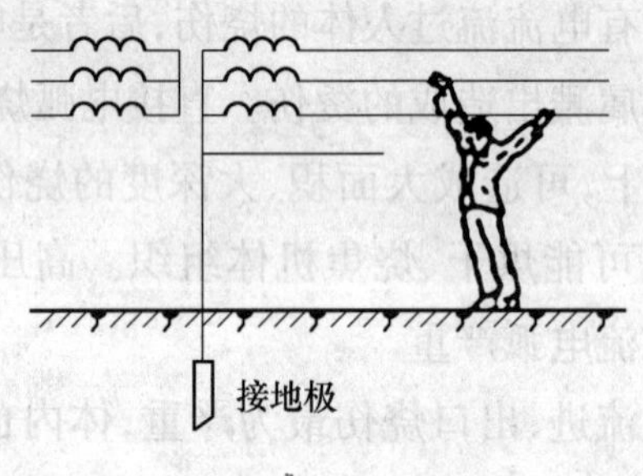

图1－28　两相触电

3）跨步电压触电(图1－29)

当电气设备发生接地故障，接地电流通过接地体向大地流散，在地面上形成电位分布时，若人在接地短路点周围行走，其两脚之间的电位差，就是跨步电压。由跨步电压引起的人体触电，称为跨步电压触电。

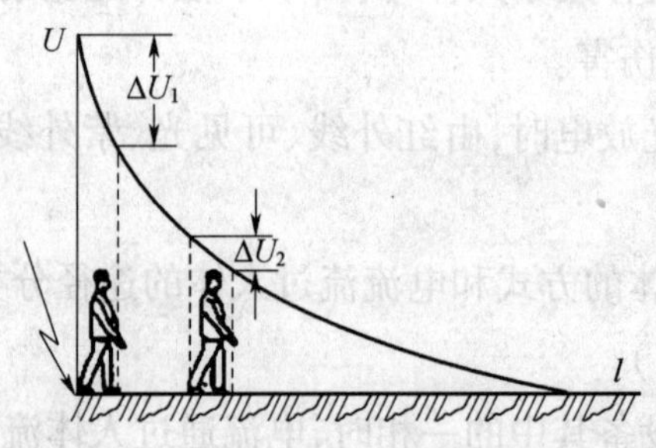

图1－29　跨步电压触电

一旦误入跨步电压区，应迈小步，双脚不要同时落地，最好一只脚跳走，朝接地点相反的地区走，逐步离开跨步电压区。

三、人体被伤害程度与电流间关系

人体被伤害程度与电流间关系见表1－29。

表 1 – 29　人体被伤害程度与电流间关系

<table>
<tr><th>名称</th><th>定义</th><th colspan="2">成年男性/mA</th><th colspan="2">成年女性/mA</th></tr>
<tr><td rowspan="2">感觉电流</td><td rowspan="2">引起感觉的最小电流</td><td>交流</td><td>1.1</td><td>交流</td><td>0.7</td></tr>
<tr><td>直流</td><td>5.2</td><td>直流</td><td>3.5</td></tr>
<tr><td rowspan="2">摆脱电流</td><td rowspan="2">触电后能自主摆脱的最大电流</td><td>交流</td><td>16</td><td>交流</td><td>10.5</td></tr>
<tr><td>直流</td><td>76</td><td>直流</td><td>51</td></tr>
<tr><td rowspan="2">致命电流</td><td rowspan="2">在较短时间内能危及生命的最小电流</td><td colspan="4">交流 30 ~ 50</td></tr>
<tr><td colspan="4">直流 1300(0.3s);50(3s)</td></tr>
</table>

影响电流对人体危害程度的主要因素电流对人体伤害的严重程度与通过人体电流的大小、频率、持续时间、通过人体的路径及人体电阻的大小等多种因素有关。

通过人体的电流达 5mA 时,人就会有所感觉,达几十毫安时就能使人失去知觉乃至死亡。当然,触电的后果还与触电持续的时间有关,触电时间越长就越危险。通过人体的电流一般不能超过 7mA ~ 10mA。人体电阻在极不利情况下约为 1000Ω,若不慎接触了 220V 的市电,人体中将会通过 220mA 的电流,这是非常危险的。

频率为 20Hz ~ 300Hz 的交流电,包括 50Hz 工频交流电在内,对人体的伤害最为严重,10Hz 以下和 1000Hz 以上的交流电对人体的伤害程度明显减轻。

一般在干燥环境中,人体电阻约为 2kΩ;皮肤出汗时,约为 1kΩ;皮肤有伤口时,约为 800Ω。人体触电时,皮肤与带电体的接触面积越大,人体电阻越小。为了减少触电危险,规定凡工作人员经常接触的电气设备,如机床照明灯等,一般使用 36V 以下的安全电压。在特别潮湿的场所,应采用 36V 以下的电压。

四、触电急救

触电急救的要点是要动作迅速,救护得法,切不可惊慌失措、束手无措。首先应尽快使触电者脱离电源,然后再进行现场急救。

人触电以后,可能由于痉挛或失去知觉等原因而紧抓带电体,不能自行摆脱电源。这时,使触电者尽快脱离电源是救活触电者的首要因素。脱离电源最有效的措施是断开电源开关、拔掉电源插头或熔断器,在一时来不及的情况下,可用干燥的绝缘物拨开或隔开触电者身上的电线。具体措施如下。

1. 对于低压触电事故采取的断电措施

(1) 如果触电地点附近有电源开关(刀闸)或插座,可立即拉掉开关(刀闸)或拔出插头来切断电源,如图 1 – 30(a)所示。

(2) 如果找不到电源开关(刀闸)或距离太远,可用有绝缘套的电工钳或用干燥木柄的斧子切断电源线,断开电源,如图 1 – 30(b)所示;或用干木板等绝缘物插入触电者身下,以隔断电流。

（3）当无法切断电源线或电线搭在触电者身上或被压在身下时，可用干燥的衣服、手套、绳索、木板、木棒等绝缘物，拉开触电者或挑开电线，使触电者脱离电源，如图1-30（c）、（d）所示。

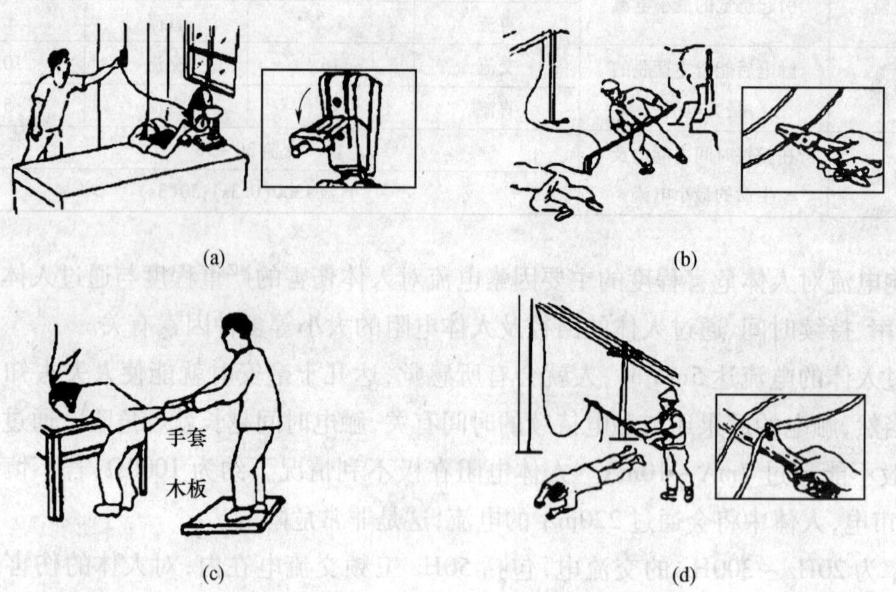

图1-30　脱离电源的方法

2. 对于高压触电事故采取的断电措施

（1）如触电事故发生在高压设备上，应立即通知供电部门停电。

（2）戴上绝缘手套，穿上绝缘靴，用相应电压等级的绝缘工具拉掉开关。

（3）若不能迅速切断电源开关，可采用抛挂截面足够大、长度适当的金属裸线使线路短路接地，迫使保护装置动作，电源开关跳闸从而断开电源。抛挂前，将短路线一端固定在铁塔或接地引线上，另一端系重物，在抛掷短路线时，应注意防止电弧伤人或断线危及其他人员安全。

3. 脱离电源的注意事项

（1）触电时间越长，对触电者的危害就越大，因此使触电者脱离电源的办法应根据具体情况，以快速为原则选择采用。

（2）当触电者未脱离电源前本身就是带电体，断电操作人员不可直接用手或其他金属及潮湿的物体作为断电工具，而必须使用适当的绝缘工具。断电时要用单手操作，以防止自身触电。

（3）当触电事故发生在高处时，要注意防止发生高处坠落摔伤和再次触及其他有电线路。不论是在何种电压的线路上发生触电，即使触电者在平地，都要考虑触电者倒下的方向，注意防止摔伤。

（4）如果事故发生在夜间，应迅速解决临时照明，以利于抢救并避免扩大事故。

五、接地的目的及作用

电力系统中,有两类接地方式:一类是中性点直接接地,称大电流接地系统;另一类是中性点不接地（或经消弧线圈接地）,称小电流接地系统。在高压或超高压电力系统中,一般采用大电流接地系统,这种接地是工作接地,其目的是为了降低电气设备的绝缘水平,防止系统发生接地故障后引起的过电压。

工厂供电系统采用的电压一般在 110kV 以下,是中性点不接地系统,但在 380/220V,除某些特殊情况外绝大部分是中性点接地系统,其目的是为了满足 220V 单相用电设备工作电压的要求。此外,低压用电设备的外壳及外露可导电部分也实行接地,这种接地称为保护接地。

六、漏电断路器的工作原理与应用

漏电保护及其应用漏电保护是从泄漏电流、人体触电等非金属性单相接地故障考虑,用来保护人身及设备安全的一种保护方式。

漏电保护器的类型按其工作原理可分为电压动作型、电流动作型、电压电流动作型、交流脉冲型、直流动作型等。由于电流动作型的检测特性较好,既可作全系统的总保护,也可作各干线、支线的分级保护,所以是目前应用较为普遍的一种。

电流动作型漏电保护器主要由零序电流互感器、脱扣机构及主开关组成。零序电流互感器是一个检测元件,可以安装在变压器中性点与接地极之间,构成全网总保护,也可安装在干线或分支线上,构成干线或分支线保护。图 1-31 表示全网总保护的接线方式,当系统中发生人身触电或其他原因造成的接地漏电故障时,故障电流通过大地经变压器接地极返回变压器中性点。这时,零序电流互感器的一次侧就有激磁电流流过,在环形铁芯中产生磁通,在二次线圈上感应与此磁通量相对应的电压,加在漏电保护器的脱扣线圈上。当故障电流达到规定动作值,脱扣线圈推动脱扣器便主开关迅速断开电源,从而达到保护的目的。干线或分支线回路的漏电保护原理可用图 1-32 来说明。当电路正常工作时,各相电流的相量和等于零。各相工作电流在零序电流互感器环形铁芯中所感应的磁通相量和也等于零。此时,零序电流互感器的二次线圈没有感应电压输出,漏电保护器不动作。

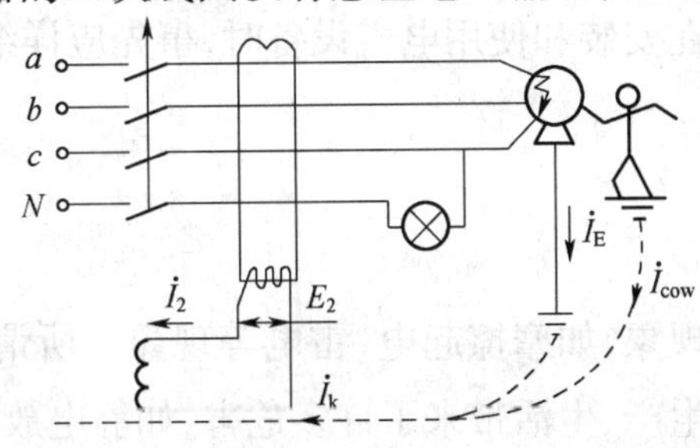

图 1-31　干线回路漏电保护工作原理图

当被保护支路发生绝缘损坏或其他接地漏电故障时，三相电流的相量和不等于零，即

$$i_a + i_b + i_c + i_0 \neq 0$$

在零序电流互感器环形铁芯中所感应的磁通相量和也不等于零，即

$$\phi_a + \phi_b + \phi_c + \phi_0 \neq 0$$

这时，在零序电流互感器的二次线圈上感应电压 E，加在漏电保护器的脱扣线圈上，产生感应电流 I_2 流过线圈，当故障电流达到漏电保护器的动作整定值时，推动脱扣器动作，使主开关迅速切断电源。

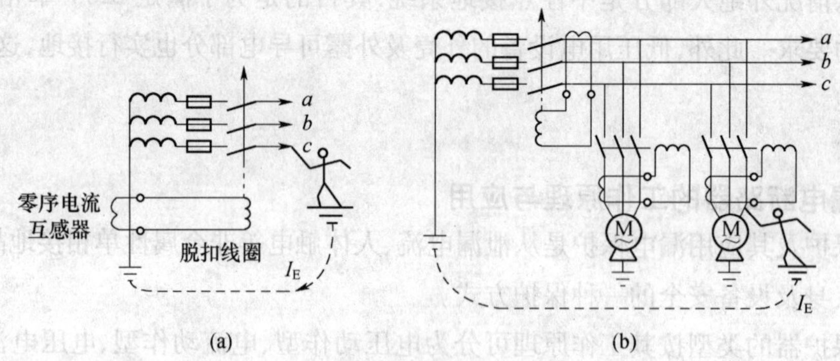

图 1－32 电流动作型漏电保护器工作原理图

（a）全网总保护；（b）支干线保护。

七、电气防火、防爆

引起电气火灾和爆炸的原因是电气设备过热和电火花、电弧。为此，不要使电气设备长期超载运行；要保持必要的防火间距及良好的通风；要有良好的过热、过电流保护装置；在易爆的场地如矿井、化学车间等，要采用防爆电器。

出现了电气火灾怎么办？

（1）首先切断电源。注意拉闸时最好用绝缘工具。

（2）来不及切断电源时或在不准断电的场合，可采用不导电的灭火剂带电灭火。若用普通水枪灭火，最好穿上绝缘套靴。

最后，还应强调指出，在安装和使用电气设备时，事先应详细阅读有关说明书，按照操作规程操作。

八、静电及其防护

静电现象是一种常见现象，如摩擦起电、雷电等现象。所谓静电，是指相对静止的电荷。静电现象也给人类的生产、生活带来了许多危害，如静电放电时产生的火花引起电气火灾与爆炸事故等，都是必须防护的。

1. 静电的产生

在工业生产中，容易产生静电的情况也很多。

(1) 固体物质间的大面积接触或摩擦。如传动皮带在皮带轮上摩擦、塑料或纸张与辊筒或辊轴间的摩擦、橡胶制品及塑料制品的压制等，固体物质的粉碎、研磨过程中及粉状物料与管壁或容器壁的高速碰撞和摩擦都会产生静电。

(2) 液体或气体之间及其与固体之间的接触或摩擦。液体或气体在管道中流动或从管道口喷出时，及液体或气体在容器中剧烈晃动过程中，均会有静电产生。产生静电电荷的多少与生产物料的性质和料量、摩擦力的大小和摩擦面积大小等因素有关。

2. 静电的特点及其危害

静电电荷若不能及时有效地消散，就会逐渐积累起来。静电通常有如下特点。

(1) 静电电压很高。静电电压可高达几万伏或几十万伏，所以带静电体极易发生火花放电，引起火灾或爆炸。

(2) 静电消散很慢。由于积累静电的材料往往是电阻率很高的绝缘材料，所以静电消散很慢，即使经过很长时间(如几小时)后，静电危害依然存在。

(3) 静电感应。静电感应现象往往使原来不带电的物体带上静电，从而可能导致意外情况下的火花放电。

(4) 尖端放电。物体的尖端静电集中，所以尖端部位极易火花放电。

静电的最大危害是引起火灾或爆炸。静电也常常对人体造成电击，引起人体坠落、摔倒等二次事故或其他危害。生产过程中产生的静电如不及时消除，可能干扰电子控制装置的正常运行，妨碍生产或降低产品质量。

3. 静电防护

首先应设法不产生静电。为此，可在材料选择、工艺设计等方面采取措施。

其次是产生了静电，应设法使静电的积累不超过安全限度。其方法有泄漏法和中和法等。前者如接地，增加绝缘表面的湿度、涂导电涂剂等，使积累的静电荷尽快泄漏掉。后者如使用感电中和剂、高压中和剂等，使积累的静电荷被中和掉。

实验八　日光灯电路的连接及功率因数的提高

一、实验目的

(1) 学习功率表的使用。

(2) 学会通过 U、I、P 的测量计算交流电的参数。

(3) 学会如何提高功率因数。

二、原理及说明

日光灯结构如图 1－33 所示,开关闭合时,日光灯管不导电,全部电压加在启辉器两触片之间,使启辉器中氖气击穿,产生气体放电,此放电产生的一定热量使双金属片受热膨胀与固定片接通,于是有电流通过日光灯管两端的灯丝和镇流器。短时间后双金属片冷却收缩与固定片断开,电路中电流突然减小;根据电磁感应定律,这时镇流器两端产生一定的感应电动势,使日光灯管两端电压产生 400V～500V 高压,灯管气体电离,产生放电,日光灯点燃发亮。日光灯点燃发后,灯管两端电压降为 100V 左右,这时由于镇流器的限流作用,灯管中电流不会过大。同时并联在灯管两端的启辉器,也因电压降低而不能放电,其触片保持断开状态。

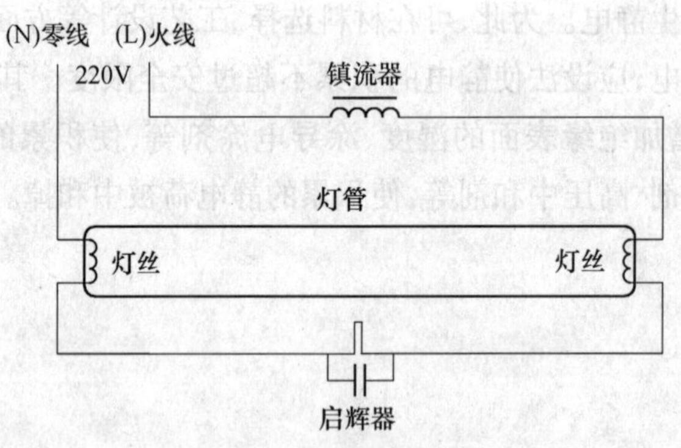

图 1－33　日光灯结构图

日光灯工作后,灯管相当于一电阻 R,镇流器可等效为电阻 R_L 和电感 L 串联,启辉器断开,所以整个电路可等效为一 R、L 串联电路,其电路模型如图 1－34 所示。

在工农业用电中,一般感性负载居多,导致功率因数降低($\cos\phi < 1$),负载与电源之间产生能量交换,出现无功功率 $Q = UI\sin\phi$。当负载端电压一定时功率因数越低,输电线

路上的电流越大,线路上的功率损耗越大,导致输电传输效率降低,同时发电设备得不到充分利用,因此提高功率因数对于节约和充分利用电能具有重要意义。

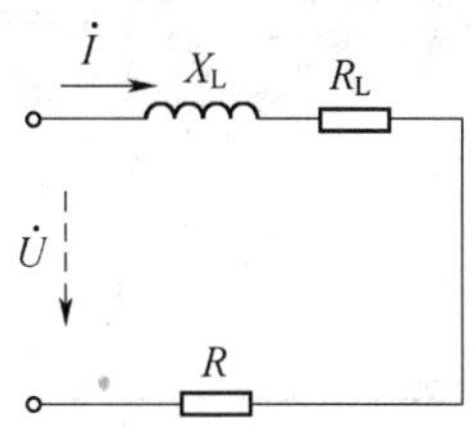

图 1-34　日光灯工作原理图

对 RL 串联交流电路,P 为有功功率,负载的功率因数为

$$\cos\varphi = P/UI$$

因此,在测定功率、端电压及通过负载的电流后,计算得出功率因数,或直接从功率因数表读取数据。实验中使用的电感性负载是日光灯电路,其功率因数较低,只有 0.5~0.6。

提高功率因数常用电容补偿法,即在负载两端并联电容器,当电容器的容量选择得当,可使线路功率因数得到提高;而并联电容器后不影响感性负载的正常工作。

在实验室里常用的有功功率的测量方法有两种:① 利用智能功率表直接测量到的有功功率;② 分别测量灯管电流与电压,测量镇流器的内阻,$P_{有} = I^2 R_L + U_{灯} I$。

功率因数 =(有功功率/总功率)×100%

总功率一般是用灯具电压有效值乘以灯具电流的有效值得到。

三、实验设备

实验设备见表 1-30。

表 1-30　实验设备

名　称	型号及参数说明	数　量
智能功率表		一台
交流电压表	0~500V	一块
交流电流表		一块
数字万用表	MY65	一块
日光灯实验装置		一块
电容	1μF,2.2μF	二只
自耦调压器		一台

四、实验内容

1. 测量交流参数

对照实验板如图 1-35 所示接线(不接电容 C)。

调节自耦调压器输出,使 $U=220\text{V}$,进行测试,填表 1-31。

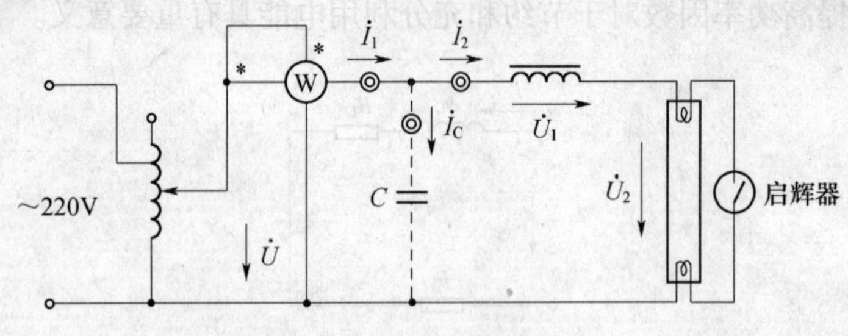

图 1-35　日光灯电路

表 1-31　实验数据

U/V	测量值			
	P/W	I_1/mA	U_1/V	U_2/V
220				

2. 提高功率因数

在灯具中并联电容 C,且令 $U=220\text{V}$ 不变,将测试结果填入表 1-32 中。

表 1-32　实验数据

C/μF	测量值				计算值
	P/W	I_1/mA	I_2/mA	I_C/mA	$\cos\phi$
1					
2.2					

五、注意事项

(1) 测电压、电流时,一定要注意表的挡位选择,测量类型、量程都要对应。

(2) 功率表电流线圈的电流、电压线圈的电压都不可超过所选的额定值。

(3) 自耦调压器输入输出端不可接反。

(4) 各支路电流要接入电流插座。

(5) 注意安全,线路接好后,必须经指导教师检查无误后,再接通电源。

六、报告要求

(1) 根据测量得到的实验数据,说明并联电容是否能提高功率因数。

(2) 说明功率因数提高的原因和意义。

实验九　三相电路的实验

一、实验目的

（1）研究三相负载作星形连接时（或作三角形连接时），在对称和不对称情况下线电压和相电压（或线电流和相电流）的关系。

（2）比较三相供电方式中三线制和四线制的特点。

（3）进一步提高分析、判断和查找故障的能力。

二、原理及说明

图 1－36 是星形连接三线制供电图，当线路阻抗不计时，负载的线电压高于电源的线电压，若负载对称，则负载中性 O′和电源中性点 O 之间的电压为零。

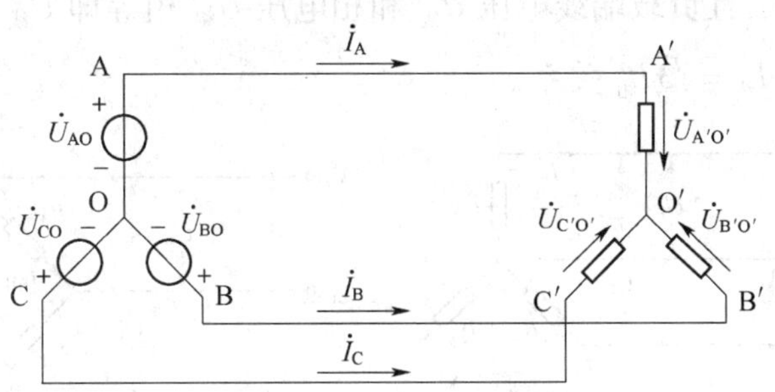

图 1－36　星形连接示意图

其电压相量图如图 1－37 所示，此时负载的相电压对称，线电压 $U_{线}$和相电压 $U_{相}$满足 $U_{线}=\sqrt{3}U_{相}$的关系。若负载不对称，负载中性点 O′和电源中性点 O 之间的电压为零，负载端的各相电压也就不再对称，其数值可由计算得出，或者通过实验测出。

位形图是电压相量图的一种特殊形式，其特点是图形上的点与电路上的点一一对应。图 1－37 是对应于图 1－36 星形连接三相电路的位形图。图中，U_{AB}代表电路中从 A 点到 B 点的电压相量，$U_{A'O'}$代表电路中从 A′点到 O′点之间的电压相量。在三相负载对称时，位形图中负载中性点 O′与电源中性点 O 重合。

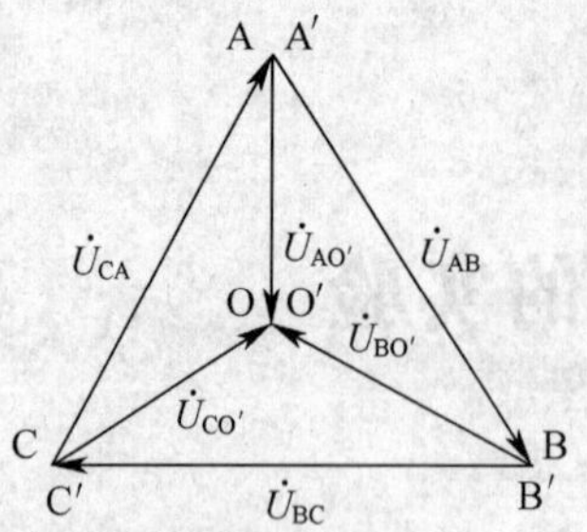

图 1－37　负载对称位形图

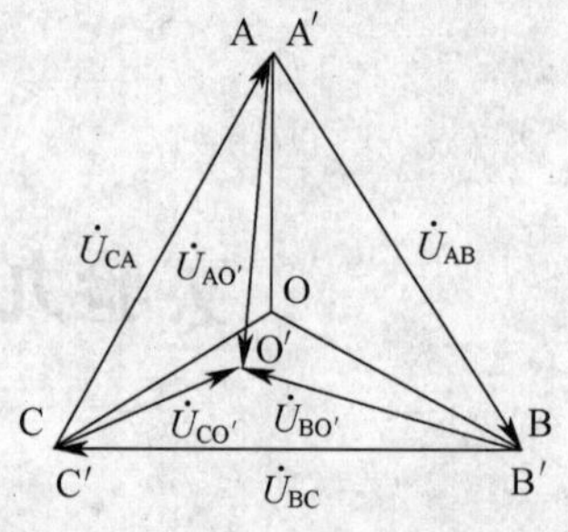

图 1－38　负载不对称位形图

负载不对称时，虽然线电压仍然对称，但负载的相电压不再对称，负载中性点 O′发生位移，如图 1－38 所示。

在图 1－36 中，若把电源中性点和负载中性点间用中性线连接起来，就成为三相四线制。在负载对称时，中线电流等于零，其工作情况与三线制相同；负载不对称时，忽略线路阻抗，则负载相电压仍然相对称，但这时中性线电流不再为零，它可由计算方法或实验方法确定。

图 1－39(a)是负载作星形连接时的供电图，此时每路负载上的电压均为相电压。

图 1－39(b)是负载作三角形连接时的供电图。若线路阻抗忽略不计时，负载的线电压等于电源的线电压，且负载端线电压 $U_{线}$ 和相电压 $U_{相}$ 相等即 $U_{线}=U_{相}$；负载对称电流 $I_{线}$ 与相电流 $I_{相}$满足 $I_{线}=\sqrt{3}I_{相}$ 关系。

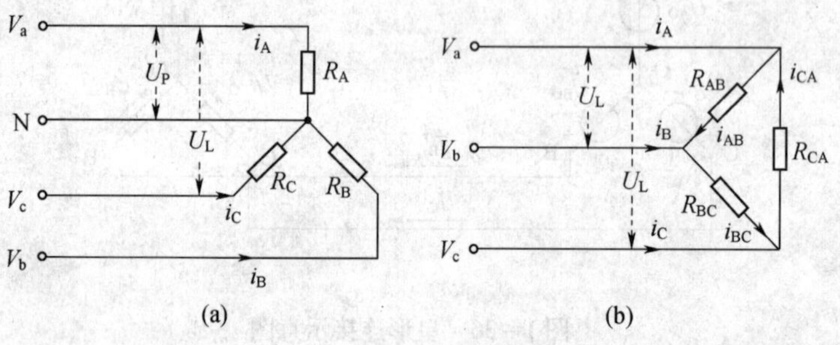

图 1－39　负载连接示意图

(a) 星形连接；(b) 三角形连接。

三、实验设备

实验设备见表 1－33。

表 1－33　实验设备

名　称	型号及参数说明	数　量
智能功率表		一台
交流电压表	0～500V	一块

（续）

名　称	型号及参数说明	数　量
交流电流表		一块
数字万用表	MY65	一块
三相电路实验板		一块
自耦调压器		一台

四、实验内容

按图1-40接线。三相电源线电压380V，在作不对称负载实验时，在W相并联一组灯，如图1-40中虚线所示。按表1-34要求测量出各电压和电流值。

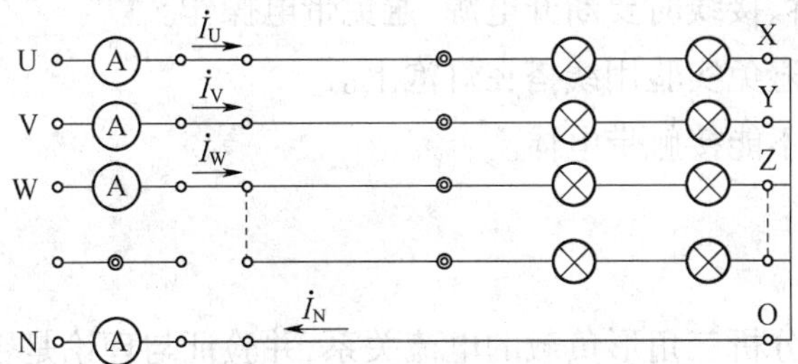

图1-40　三相电路星形连接实验电路

表1-34　实验数据

待测数据 / 实验内容		U_{UV}/V	U_{VW}/V	U_{WU}/V	U_{UX}/V	U_{VY}/V	U_{WZ}/V	U_{ON}V	I_U/A	I_V/A	I_W/A	I_{ON}/A
负载对称	有中线											
	无中线											
负载不对称	有中线											
	无中线											

按图1-41接线。三相电源接线电压220V，按表1-35要求测量各电压、电流值，在作不对称负载实验时，在W-Z相并联一组灯，如图1-41中虚线所示。

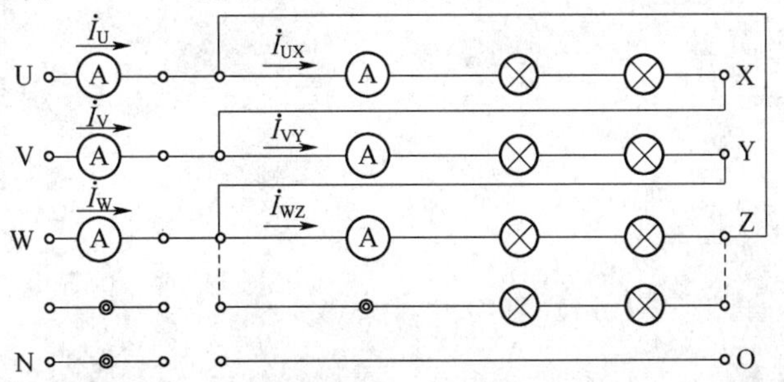

图1-41　三相电路三角形连接实验电路图

表 1-35 实验数据

负载情况	U_{UX}/V	U_{VY}/V	U_{WZ}/V	I_U/A	I_V/A	I_W/A	I_{UX}/A	I_{VY}/A	I_{WZ}/A
对称									
不对称									
U 线断线									
UX 线断线									

五、注意事项

(1) 实验线路必须经指导教师检查无误后再通电。

(2) 更改线路,拆、接线时要断开电源,避免带电操作。

(3) 实验过程中避免实验用线搭在灯泡上。

(4) 实验过程中不能接触带电体。

六、报告要求

(1) 用实验结果分析三角形负载的电流关系,并验证与理论是否相符。

(2) 由实验结果说明三相三线制和三相四线制的特点。

实验十　三相电路相序及功率的测量

一、实验目的

（1）掌握三相交流电路时序的测量方法。

（2）掌握三相交流电路功率的测量方法。

二、原理及说明

（1）用一只电容器和两组灯连接成星形不对称三相负载电路。便可测量三相电源的相序A、B、C（或U、V、W），如图电容器所接的位A相，可知$U_B' > U_C'$，则灯较亮的为B相，灯较暗的为C相（图1－42）。因为时序是相对的，任何一相为A相时，B相和C相便可以确定。

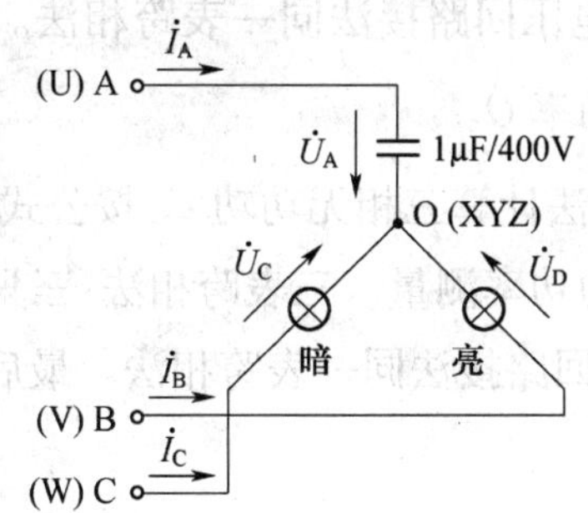

图1－42　判断三相电路线序的电路

（2）三相四线制供电时，可以用一只表测量各相的有功功率，P_A、P_B、P_C三相负载的总功率为$P = P_A + P_B + P_C$。线路如图1－43所示。

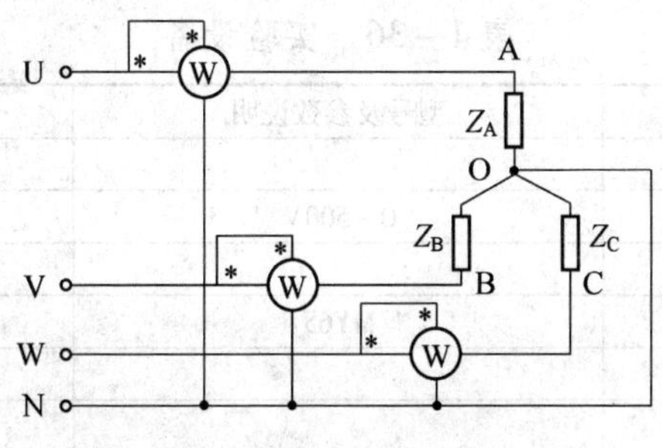

图1－43　三表法测量电路功率

若负载对称，那么只需测量其中一相的功率 P_A，$P=3P_A$。

在三相三线制供电系统中，不论三相负载是否对称，也不论负载是星形接法还是三角形接法，都可用二表法测量三相负载的总功率。线路如图 1－44 所示。

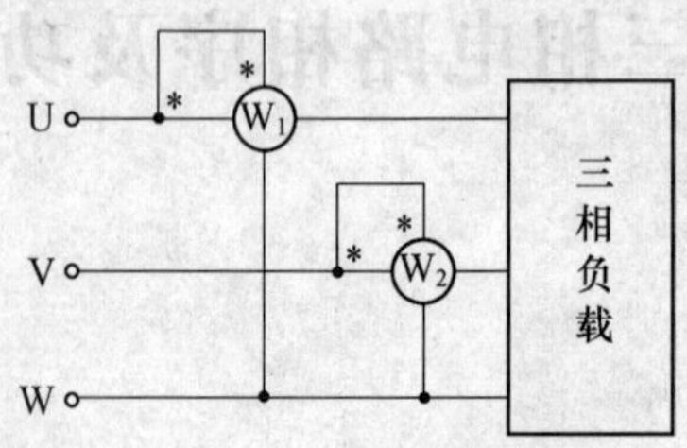

图 1－44　二表法测量电路功率

(3) 三相电路无功功率的测量

① 对称三相电路无功功率的测量。

(a) 一表跨相法：即将功率表的电流回路串入任一相线中（如 A 相），电压回路的"＊"端接在按正相序的下一相上（B 相），非"＊"端接在下一相上（C 相），将功率表读数乘以 $\sqrt{3}$ 即得对称三相电路的无功功率 Q。

(b) 二表跨相法：接法同一表跨相法，只是接完一只表，另一只表的电流回路要接在另外两条中任一条相线中，其电压回路接法同一表跨相法。将两只功率表的读数之和乘以 $\sqrt{3}/2$ 即得三相电路的无功功率 Q。

(c) 用测量有功功率的方法计算三相无功功率：按公式 $Q=\sqrt{3}(P_2-P_1)$ 算出。

② 不对称三相电路的无功功率测量。三表跨相法：三只功率表的电流回路分别串入三个相线中（A、B、C 线），电压回路接法同一表跨相法。最后按公式 $Q=(W_1+W_2+W_3)/\sqrt{3}$ 算出。

三表跨相法也适用于三相四线制电路。

三、实验设备

实验设备见表 1－36。

表 1－36　实验设备

名　称	型号及参数说明	数　量
智能功率表		一块
交流电压表	0～500V	一块
交流电流表		一块
数字万用表	MY65	一块
三相电路实验板		一块
电容		一只
自耦调压器		一台

四、实验内容

1. 判断三相电路的相序

相序测量如图 1－42 所示，白炽灯可选三相电路实验板两相对称灯。接通三相电源，观察两组灯的明暗状态，则灯较亮的为 B 相，灯较暗的为 C 相。

2. 三相功率的测量

（1）负载星接，参考图 1－43、图 1－44，分别用三表法和二表法测三相电路功率，所测数据填入表 1－37 中。

（2）作不对称负载实验时，在 A 相并联入一组白炽灯。所测数据填表 1－37 中。

表 1－37　星接负载功率测量

	三表法				二表法		
	P_A/W	P_B/W	P_C/W	$\sum P$/W	P_1/W	P_2/W	$\sum P$/W
对称负载							
不对称负载							

负载角接，用分别用三表法和二表法测三相电路功率，所测数据填入表 1－38 中。

（3）作不对称负载实验时，在 A 相并联入一组白炽灯。所测数据填表 1－38 中。

表 1－38　角接负载功率测量

	三表法				二表法		
	P_A/W	P_B/W	P_C/W	$\sum P$/W	P_1/W	P_2/W	$\sum P$/W
对称负载							
不对称负载							

3. 无功功率的测量（选做）

自拟实验步骤及测量表格测量图 1－45 所示的无功功率。

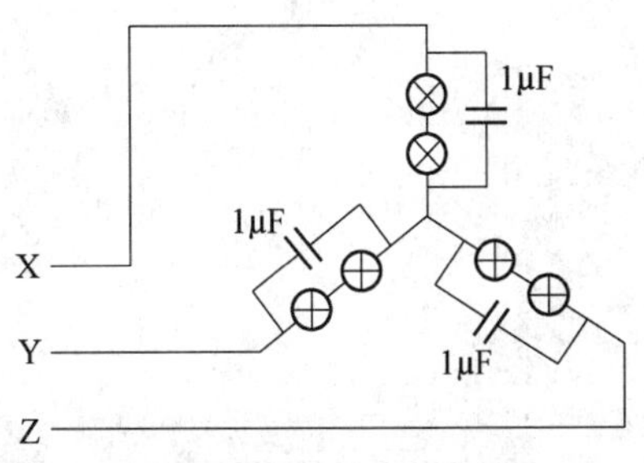

图 1－45　实验电路

五、注意事项

(1) 实验线路必须经指导教师检查无误后再通电。

(2) 更改线路,拆、接线时要断开电源。

(3) 实验过程中避免实验用线搭在灯泡上。

六、报告要求

(1) 列出所有实验数据表格。

(2) 比较测量结果,分析二表法和三表法的测量结果是否一致,说明误差产生的原因。

(3) 总结三相电路功率测量的方法。

实验十一　三相异步电动机的使用和启动

一、实验目的

(1) 了解三相异步电动机的铭牌数据。

(2) 学习测量电动机绝缘电阻的方法。

(3) 正确连接异步电动机的三相绕组,并使电动机启动和实现反转。

(4) 学习判断三相异步电动绕组首、末端的方法。

二、原理及说明

1. 三相异步电动机的铭牌和额定值

了解电动机铭牌中各项数据的确切含义,是合理选择并正确使用三相异步电动机的前提。

1) 型号

我国目前已设计出 Y 系列新产品,它是国内较先进的异步电动机,即取代 J02 系列异步电动机,Y 系列电动机具有高效、节能、特性好及低噪声等优点。功率等级和安装尺寸符合国际标准。这种电动机所代表的意义如图 1-46 所示。

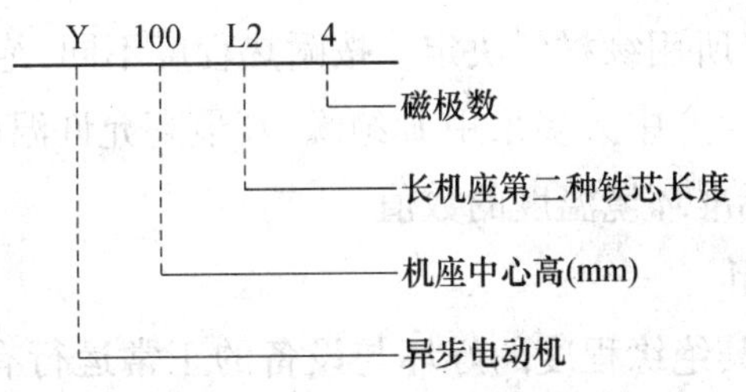

图 1-46　型号的含义

2) 电压 U_N 和接法

电压是指电动机定子绕组应接的额定线电压;接法是指在额定线电压下三相绕组的正确接线方法。有时铭牌上有两种电压值,如 220V/380V,并对应两种接法 △/Y。表示该电动机可在线电压为 220V 时工作,并应接成三角形;也可在线电压为 380V 时工作,并应接成星形。

3）电流 I_N

I_N 指电动机在额定电压、额定频率并输出额定功率时定子的额定线电流。铭牌有时标出两种额定电流值，它们与绕组的不同接法相对应。

4）转速 n

电动机额定运行时，电动机转子的额定转速以 r/min 为单位。通常比相应的同步转速低 2% ~6%。

5）功率 P_N

在额定运行条件下，电动机转轴上输出的额定机械功率。通常以 kW 为单位。实际运行过程中，电动机输出的功率是由负载大小决定的，并不一定等于额定功率。电动机从电源吸取的功率不等于额定功率，这里有一个电动机效率问题。如额定输出机械功率为 P_N 时，输入电功率为 P_{1N}，则 $P_N Z_1 = n^2 Z_1 = 75\% \sim 90\%$，随电动机种类及容量大小而不同。

6）功率因数 $\cos\Phi_N$

$\cos\Phi_N$ 是指电动机额定运行时的功率因数。

7）工作方式（或称定额）

为充分发挥电动机的潜力，电动机按持续运行时间划分工作方式，分为连续、短时和重复短时三种。

连续工作方式，表示这种电动机可以按铭牌上规定的功率长期连续使用。短时工作方式，表示这种电动机不能连续使用，在额定功率输出时只能按铭牌规定短时间运行。

重复短时工作方式，表示这种电动机不能在额定功率输出时连续运行，只能按规定时间作重复性短时间运行。

8）绝缘等级和温升

绝缘等级是由电动机所用缘材料决定。按耐热程度不同，绝缘材料分为 A、E、B、F、H 等数级，目前异步电动机生产中大多采用 E 绝缘，其最高允许温度为 120℃。

温升是指允许高出标准环境温度的数值。

2. 电动机的绝缘电阻

在使用电气设备时，其绝缘程度的好坏与设备的正常运行有密切关系。绝缘程度的好坏可以用绝缘电阻的高低来衡量。由于设备受热、受潮等原因，会使绝缘电阻降低，甚至可能造成设备外壳带电和出现短路事故，所以在使用期间应做定期绝缘电阻的检查。如果一台电动机长期没有使用，使用前则必须做绝缘电阻的检查。

绝缘电阻的检查不能用普通的欧姆表（如万用表的电阻挡）进行，而应用兆欧表（也称摇表）进行测量，兆欧表是专门用于测量高电阻，即绝缘电阻的仪表。

使用兆欧表时，要注意以下几个问题。

（1）测定小于 500V 绕组的绝缘电阻（如额定电压 380V 的电动机）时，则应选用

500V 兆欧表,而测定额定电压高于 500V 绕组的绝缘电阻时,则应选用 1000V 的兆欧表。

(2) 测量绝缘电阻前必须切断电动机的电源,并做兆欧表自检。自检的方法是先将兆欧表二端线开路,缓慢摇动兆欧表手柄,表针应指到"∞"处,再把兆欧表二线迅速短接一下,表针应指到零处。如果不是这样,说明兆欧表自身有故障,必须检查修理方能使用。

(3) 测量绝缘电阻时,将兆欧表端钮 L、E 分别接至待测绝缘电阻处,如测量对地绝缘电阻,则应将 E 接地(如电动机外壳)。

(4) 兆欧表要平放,转动手柄的转速要均匀(120r/min)。

测量电动机的绝缘电阻,一般有两项内容:一是测相间绝缘;二是测对地绝缘(本壳绝缘)。对于 500V 以下的中、小型电动机,绝缘电阻最低不得小于 1000Ω/V。

3. 电动机绕组首、末端的判别

当电动机绕组各相引出线脱落时,必须判明哪二根引出线属于同一相,哪根是首端,哪根是末端,这是对电动机进行正确接线的前提。判定异步电动机绕组首、未端有多种方法。

1) 串灯法

首先,用一个灯泡与交流电源串联后,去碰触任意引出线,能使灯泡发亮的两根引出线显然是属同相绕组,这样可将六根引出线分成三相绕组。然后,任意规定一相绕组的首、末端(如 D_1、D_4),并将另一相(如 B 相)的任意规定一相绕组的一端与 D_4 相连,将串联起来的这二相绕组的加外两端接到低压电源上(40V ~ 100V),其余那一相(C 相)的两端接灯泡,当合上开关后,灯泡发亮,可断定与 D_4 相连的那一端即为该相的首端(D_2);如灯泡不亮,则为末端(D_5)。实验电路如图 1 - 47 所示。

同样的办法可以判定加一个的首、末端。图 1 - 47 中接入开关 S 是为了使通电时间尽量短些,以保护电动机绕组。

本实验方法的原理可简述如下:如 A、B 二相绕组是首、末端相连,通入交流电后所产生的合成磁通会穿过 C 相绕组,因此 C 相绕组产生感应电动势而使灯泡发亮,如图 1 - 47 所示。如 A、B 二相绕组是末端与末端相连,通入交流电后产生的合成磁通不穿过 C 相绕组,C 相绕组不产生感应电动势,灯泡当然不亮,如图 1 - 47(b)所示。

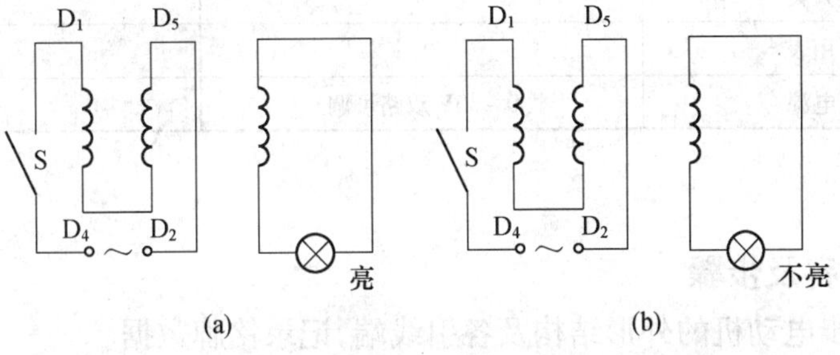

图 1 - 47　串灯法判定绕组首末端

2）电流表法(或万用表法)

用万用表电阻挡或将电池与电流表(毫安表或微安表)串联的办法,可以从六个引出线中判定哪二根引线是同一相的。然后规定任意一相(如 A 相)绕组的二端接上毫安表(或万用电表直流毫安最小量程挡),在接通开关 S 的瞬间,若表头指针正向摆,则电流表负极所接的引线与电池正极所接的引线端是同性端(即同为首端或末端),用同样的办法可以判定第三相的首、末端。实验电路如图 1－48 所示。

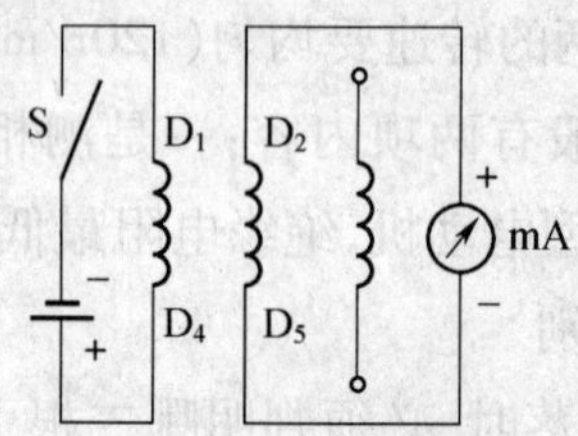

图 1－48　电流表法判定绕组首末端

4. 三相异步电动机的启动和反转

对于中、小型异步电动机,当电源容量相对电动机功率足够大时,一般均采用直接启动,即将电动机的定子绕组直接接入额定电压的电源上。

异步电动机转子的旋转方向与旋转磁场的旋转方向相同,而旋转磁场的旋转方向取决于绕组与电源接线的相序。因此,改变三相绕组与电源联接的相序就可达到改变三相异步电动机旋转方向的目的。

三、实验设备

实验设备见表 1－39。

表 1－39　实验设备

名　称	型号及参数说明	数　量
三相异步电动机	90W	一台
兆欧表		一块
三相转换开关		一组
指针式万用表		一块
直流稳压电源	0～30V 双路可调	一台

四、实验内容及步骤

（1）熟悉异步电动机的外形结构及各引线端,记录铭牌数据。

（2）测量三相异步电动机的绝缘电阻。

自检使用的兆欧表,并用检查后的兆欧表测量实验用电动机的绝缘电阻,填入表 1－

40 中。

表 1 - 40　实验数据

相间绝缘	绝缘电阻	相与机壳绝缘	绝缘电阻
A 相与 B 相	MΩ	A 相与机壳	MΩ
B 相与 C 相	MΩ	B 相与机壳	MΩ
C 相与 A 相	MΩ	C 相与机壳	MΩ

(3) 判定三相绕组首、末端。本实验所用电动机上标有首、末端,故本实验可用串灯法和电流表法验证标号是否正确。实验分别按图 1 - 47 和图 1 - 48 接线。

(4) 按铭牌要求,将电动机正确接线(本实验台所配电动机为 220V,丫接法),并按图接线。经教师验查无误后,闭合负荷开关直接启动电动机,并观察电动机的转向。

(5) 断开负荷开关,改变电动机与电源接线的相序(置换任意三相接线中二相),闭合开关,电动机转向与前一种接法相反。

五、报告要求

(1) 总结实验结果。

(2) 回答问题:

① 电动机的额定电压与电动机接线方法有什么关系?

② 分析用电流表法定判定三相绕组首、末端方法的原理。

实验十二　三相鼠笼式异步电动机点动和自锁控制

一、实验目的

（1）通过对鼠笼式异步电动机点动和自锁控制线路的实际安装接线，掌握由电气原理图变换成安装接线图的知识。

（2）通过实验进一步加深理解点动控制和自锁控制的特点。

二、原理及说明

在本次实验中的关键器件为交流接触器（继电器的一种），控制用按钮开关，现对两种控制器件的工作原理及组成做简要说明。

（1）继电器——接触控制的各类生产机械中广泛应用，凡是需要进行前后、上下、左右、进退等运动的生产机械，均采用传统的典型的正、反转继电器——接触控制。交流电动机继电——接触控制电路的主要设备是交流接触器，其主要构造主要包括：

电磁系统——铁芯、吸引线圈和短路环。

触头系统——主触头和辅助触头，还可吸引线圈得电前后触头的动作状态，分为动合（常开）、动断（常闭）两类。

消弧系统——在切断大电流的触头上装有灭弧罩，以迅速切断电弧。

接线端子，反作用弹簧等。

交流接触器电路符号见表 1－41。

表 1－41　交流接触器的电路符号及功能

接触器线圈	电磁铁，控制触头的通断	KM
接触器主触头	用于主电路 （流过的电流大，需加灭弧装置）	
接触器辅助触头	用于控制电路（流过的电流小，无需加灭弧装置）	常开 常闭

(2) 在控制回路中常采用接触器的辅助触头来实现自锁和互锁控制。要求接触器线圈得电后能自动保持动作后的状态,这就是自锁,通常用接触自身的动合触头与启动按钮相并联来实现,以达到电动机的长期运行,这一动合触头称为“自锁触头”。使两个电器不能同时得电动作的控制,称为互锁控制,如为避免正、反转两个接触器同进得电而造成三相电源短路事故,必须增设互锁控制环节。为操作的方便,也为防止因接触器主触头长期电流的烧蚀而偶尔触发触头粘连后造成的三相电源短路事故,通常在具有正、反转控制的线路中采用既有接触器的动断辅助触头的电气互锁,又有复合按钮机械互锁的双重的控制环节。

(3) 控制按钮通常用以短时通、断小电流的控制回路,以实现近、远纪录控制电动机等执行部件的起、停或正、反转控制(图1-49)。按钮是专供仍操作使用。对于复合按钮,其触点的动作规律是:当按下时,其动断触头先断,动合触头后合;当松手时,则动合触头先断,动断触头后合。

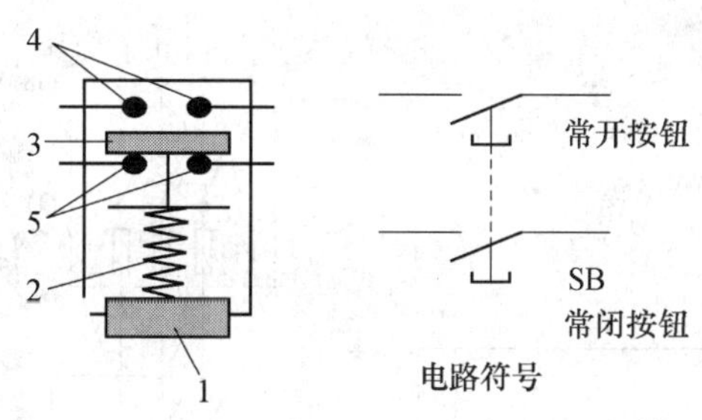

图1-49 按钮开关结构示意图

1—按钮帽;2—复位弹簧;3—动触点;4—常开静触点;5—常闭静触点。

(4) 在电动机运行过程中,应对可能出现的故障进行保护。采用熔断器作短路保护,当电动机或电器发生故障时,及时熔断熔体,达到保护线路保护电源的目的。熔体熔断时间与流过的电流关系称为熔断器的保护特性,这是选择熔体的主要依据。

采用热继电器实现过载保护,使电动机免受长期过载之危害。其主要的技术指标是整定电流值,即电流超过此值约20%时,其动断触头应能在一定时间内断开,切断控制回路,动作后只能由人工复位。

(5) 在电气控制线路中,最常见的故障发生在接触器上。接触器线圈的电压等级通常有220V和380V等,使用时必须认真,切勿疏忽;否则,电压过高易烧坏线圈,电压过低,吸力不够,不易吸合或吸合频繁,这不但会产生很大的噪声,也因磁路气隙增大,致使电流过大,易烧坏线圈。

三、实验设备

实验设备见表1-42。

表 1-42　实验设备

名　称	型号及参数说明	数　量
三相异步电动机	90W	一台
兆欧表		一块
三相转换开关		一组
指针式万用表		一块
直流稳压电源		一台
控制电路板		一块

四、实验内容

1. 点动控制电路

鼠笼式电动机接成Y接法，实验线路电源端接 U、V、W，供电线电压为 380V。点动控制如图 1-50 所示。

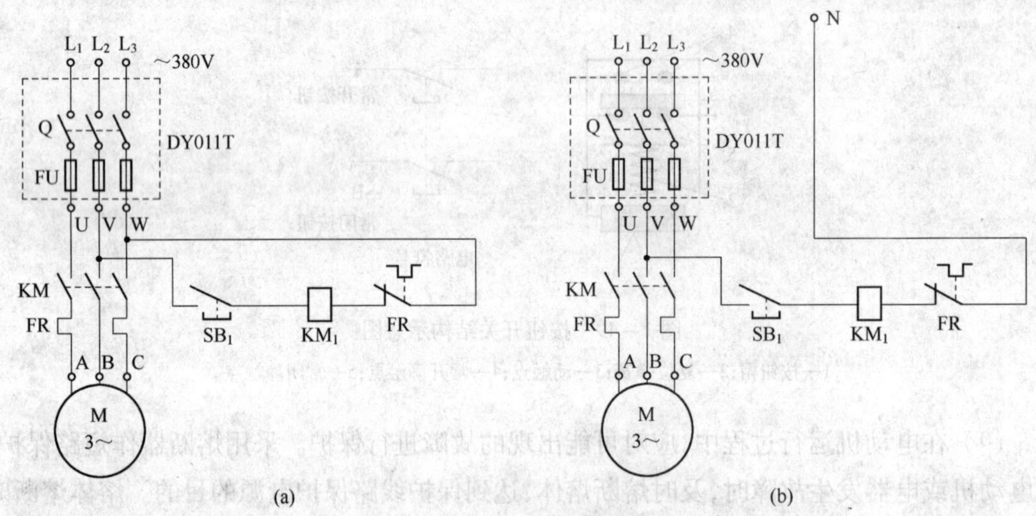

图 1-50　点动控制电路

(a) 接触器线圈工作电压 380V 接线图；(b) 接触器线圈工作电压 220V 接线图。

按图 1-50 进行安装接线，接线时，先接主电路，它是从 380V 三相交流电源的输出 U、V、W 开始，经接触器 KM 的主触头，热继电器 FR 的热元件到电动机 M 的三个线端 A、B、C 的电路，用导线按顺序串联起来。主电路连接完整无误后，再连接控制电路，它是从 380V 三相交流电源某输出端（如 V）开始，经过常开按钮 SB_1、接触器 KM 的线圈、热继电器 FR 的常闭触头到三相交流电源另一输出端（如 W），显然它是对接触器 KM 线圈供电的电路。

接好线路，经指导教师检查后，方可进行通电操作。

开启电源板电源总开关，按启动按钮，使输出线电压为 380V。

按启动按钮 SB_1，对电动机 M 进行操作，观察按下 SB_1 后电动机和接触器的运行情况。

实验完毕，按电源板停止按钮，切断实验线路三相交流电源。

2. 自锁控制电路

按图 1－51 所示线路进行接线，它与图 1－50 的不同点在于控制电路中多串联一只常闭按钮 SB_1，同时在 SB_2 上并联一只接触器 KM_1 的常开触头，它起自锁作用。接好线路经指导教师检查后，方可进行操作。

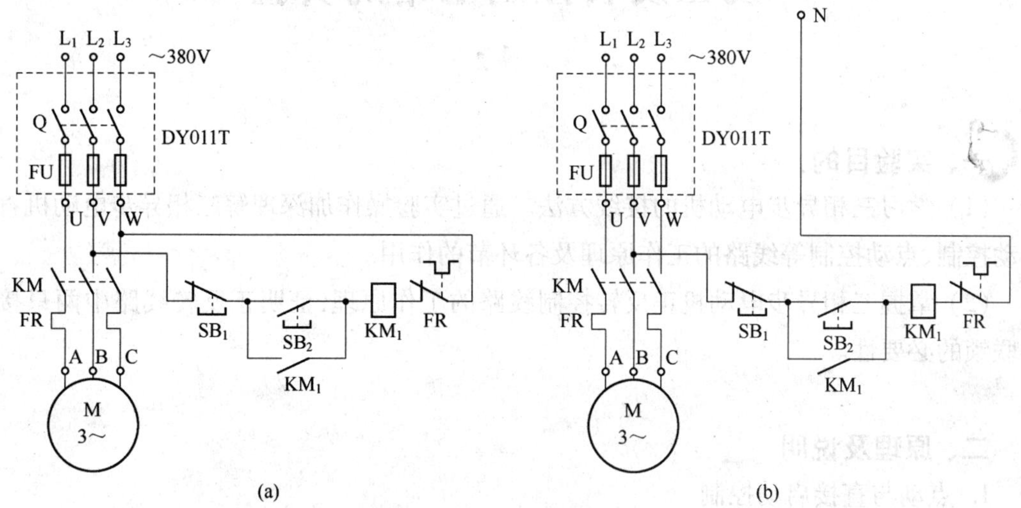

图 1－51　自锁控制电路

按电源板启动按钮，接通 380V 三相交流电源。

按启动按钮 SB_1，松手后观察电动机 M 是否继续运转。

按停止按钮 SB_2，松手后观察电动机 M 是否停止运转。

按电源板停止按钮，切断实验线路三相电源，拆除控制回路中自锁触头 KM_1，再接通三相电源，启动电动机，观察电动机及接触器的运转情况。验证自锁触头的作用。

实验完毕，按电源板停止按钮，切断实验线路的三相交流电源。

五、注意事项

(1) 接好线路经指导教师检查后，方可进行操作。

(2) 操作时，不允许用手触及各电器元件的导电部分及电动机的转动部分，以免触电及意外损伤。

(3) 对不同型号的交流接触器连接图不同。

六、报告要示

(1) 总结继电控制实验的体会。

(2) 记录实验操作步骤及实验现象。

(3) 说明电动机自锁控制过程。

实验十三　三相异步电动机启动及正反转控制电路的实验

一、实验目的

（1）学习三相异步电动机的接线方法。通过实验操作加深理解三相异步电动机直接启动控制、点动控制等线路的工作原理及各环节的作用。

（2）掌握三相异步电动机正反转控制线路的工作原理，证明正反转线路中两只接触器联锁的必要性。

二、原理及说明

1. 点动与直接启动控制

本实验是采用点动与直接启动混合控制线路，它是一种既能使电动机作断续运转又能使电动机作单向连续运转的混合控制线路，如图 1－52 所示。

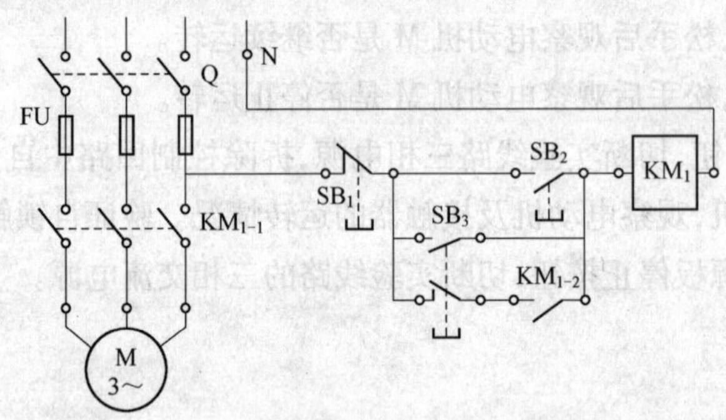

图 1－52　三相异步电动机的点动及启动控制

工作原理如下：

（1）点动。合上电源开关 Q，按控制按钮 SB_3 来实现。由于点动按钮 SB_3 的一对常闭触点串联在控制线路中，因此按下 SB_3 时，自锁线路被切断，而点动按钮常开触点接通了控制线路，电动机作点动断续运转。

（2）直接启动。合上电源开关 Q，按下启动按钮 SB_2，接触器线圈 KM 得电，接触器吸合，主触头 KM_{-1} 闭合，辅助触头 KM_{-2} 闭合自锁，主电路和控制回路被接通，电动机作单向连续运转。

2. 正反转控制

根据三相电动机的工作原理,要使其作可逆运转,只需改变主供电电路任意两相电源的相序,就是将接到电源的任意两根连线对调一头即可。这项工作是由两只交流接触器交替动作来完成的,如图1-53所示。图中交流接触器KM_1为正向控制,KM_2为反向控制。

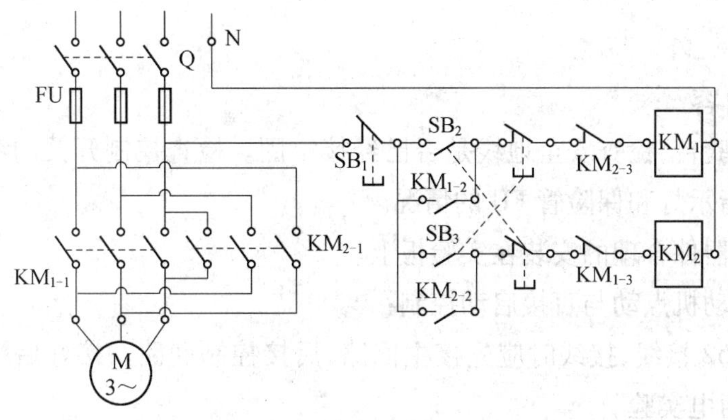

图1-53　三相异步电动机正反转控制电路

工作原理如下:

(1) 正向控制。合上电源开关Q,按下正向控制按钮SB_2,正向接触器的吸合线圈KM_1得电,主触点KM_{1-1}闭合给电动机通电,同时辅助触头KM_{1-2}闭合,实现自锁;而它串联在反转接触器的吸合线圈KM_2电路中的KM_{1-3}断开。设此时电动机接线顺序为A-B-C。

(2) 反向控制。如果需要电动机由正向运转变为反向运转,先按下停止按钮SB_1,使正向控制线路断开,然后按下反向控制按钮SB_3,则接触器KM_2的线圈得电,使主触头KM_{2-1}闭合,辅助触头KM_{2-2}自锁,电动机作反向运转。这时电动机的接线顺序为B-A-C。

(3) 联锁控制。为了避免两个接触器同时工作造成电源短路,必须增加接触器的联锁环节,如图1-53所示。当电动机正转时,按下反转启动按钮SB_3,它的常闭触点断开,而使正转接触器的线圈KM_1断电,主触点KM_{1-1}断开。同时串接在反转控制电路中的常闭触点KM_{1-3}恢复闭合,反转接触器的线圈通电,电动机反转。此时串接在正转控制电路中的常闭触点KM_{2-3}断开,起着联锁保护。

三、实验设备

实验设备见表1-43。

表1-43　实验设备

名　称	型号及参数说明	数　量
三相异步电动机	90W	一台
三相转换开关		一组
指针式万用表		一块

（续）

名　称	型号及参数说明	数　量
交流接触器		二只
按钮(LAY3)		三只

四、实验内容

(1) 熟悉实验台,检查安全地线是否已经接牢固。检查控制开关的零线与火线位置是否正确,检查指示灯和保险管 FU 的情况。

(2) 将各元器件合理的安装在实验板上。

(3) 异步电动机点动与直接启动控制:

① 按图 1-52 接线,接线时应先接主回路,后接控制回路。接好后需经指导教师检查无误后,方可通电实验。

② 按下 SB_3 后的现象是怎样的?点动如何实现?

③ 按下 SB_2 后的现象是怎样的?如何让电动机停止?

(4) 电动机的正反转控制。

按图 1-53 接线,检查电路是否正常。接通电源,进行正转、停止、反转操作,观察电动机的转向有何变化,并观察控制回路中自锁、联锁的作用。

五、注意事项

(1) 启动电动机时要密切观察电动机是否有异常现象,若电动机转动缓慢,发出“嗡嗡”声或电动机不转等,应立即断电。

(2) 启动次数不要过于频繁。

(3) 注意各电器设备的额定电压值。若交流接触器的线圈额定电压为 220V,则控制线路就不能接在 380V(两根火线)之间,反之亦然。

(4) 接线、拆线及改接电路时,均应先切断电源。

六、问题讨论

(1) 在实验内容(4)中有两套双重联锁控制电路,指出其中一套,并简述其工作过程。

(2) 在三相电动机控制电路中,如果一相供电线路断路或短路,会产生什么样的后果?如何正确处理这个问题?

(3) 在实际中,如何以最简单的方式改变三相电动机的转动方向?叙述操作的具体过程。

实验十四　三相异步电动机Y-△启动控制电路实验

一、实验目的

(1) 掌握Y-△启动的原理、继电接触控制电路的操作。

(2) 通过实验进一步理解降压启动的原理。

(3) 通过对三相异步电动机由接触器控制和时间继电器控制的Y-△降压启动控制线路的实际安装接线,掌握由电气原理图变换成安装接线图并进行操作的能力。

二、原理及说明

1. Y-△变换启动

三相异步电动机启动时,旋转磁场以最大相对转速切割转子导体,在转子中产生感生的电动势很高,所以转子电流极大,反应到原边,定子电流可达额定电流的4倍~7倍。启动电流大会造成电网电压的波动,影响接在同一电网中的其他用电设备的正常工作,频繁启动电机会因启动电流的频繁冲击使电机发热。因此对于较大容量的电机必须设法减小启动电流。

Y-△变换启动只适用于电动机正常运行时的三角形(△)连接。定子绕组星形连接时,各相绕组承受的电压为电源电压的$\frac{1}{\sqrt{3}}$;而做三角形连接时,各相绕组承受的电压等于电源电压。因为启动时相电流与所加电压成正比,故Y接时时的相电流与△接法时的相电流之比为

$$\frac{I_{\text{Y}_P}}{I_{\triangle_P}}=\frac{\frac{U}{\sqrt{3}}}{U}=\frac{1}{\sqrt{3}}$$

设I_{YL}和$I_{\triangle L}$分别为Y接法和△接法时的线电流,则根据线电流与相电流的关系有

$$I_{\text{YL}}=I_{\text{YP}},I_{\triangle L}=\sqrt{3}I_{\triangle P}$$

因此有

$$\frac{I_{\text{YL}}}{I_{\triangle L}}=\frac{I_{\text{YP}}}{\sqrt{3}I_{\triangle P}}=\frac{1}{\sqrt{3}}\frac{1}{\sqrt{3}}=\frac{1}{3}$$

上式说明，当定子绕组接成星形启动时电网电流只等于接成三角形接法的 1/3，即减小了启动电流。由于电磁转矩是与电压平方成正比的，采用Y－△启动相当于降低电压到正常值的$\frac{1}{\sqrt{3}}$，故启动转矩也减小至三角形接法时的 1/3。

2. Y－△启动的控制电路

Y－△启动控制电路应具有如下功能：电路具有短路保护、过载保护。按下按钮后，控制电路先将电机接成Y，电机接近额定转速时，通过时间继电器自动将电机换成△接法，电机启动后，时间继电器要与电路断开。具体电路如图 1－54 所示。

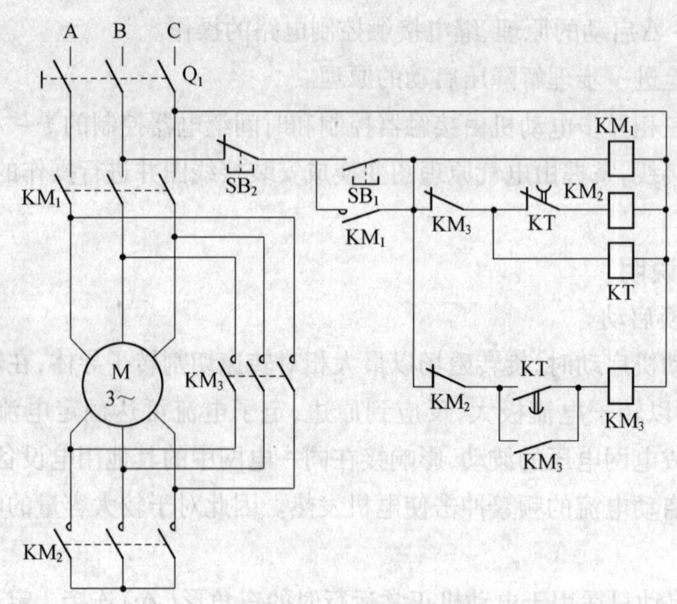

图 1－54　三相异步电动机Y－△启动控制电路

在主回路包括起短路保护作用的熔断器 FU，起过载保护的热继电器 FR。开关 Q_1 闭合后向整个电路提供电源。当 KM_1 与 IM_2 主触头闭合，则电机为Y形接法；当 KM_1 与 KM_3 常开主触头闭合，则电机为△形接法。

在控制电路里，当按下按钮 SB_1 时，线圈 KM_1 得电，KM_1 常开辅助触点闭合，实现自锁。同时 KM_2 线圈得电，KM_2 常闭辅助触点得电，经过预选整定的延时后，时间继电器 KT 的延时断开触点断开，延时闭合触头闭合，线圈 KM_2 失电，线圈 KM_3 得电并自锁，电机实现△运行，按下停止按钮 SB_2，线圈 KM_1 断电，主触头及自锁触头断开，电机停机。

三、实验设备

实验设备见表 1－44。

表 1－44　实验设备

名　称	型号及参数说明	数　量
三相异步电动机	90W	一台
三相转换开关		一组
指针式万用表		一块
交流接触器		三只
按钮(LAY3)	LAY3	二只

四、实验内容及步骤

(1) 弄清各实验单元板、电动机的接线方法和电路图各接触器,继电器的动作顺序。

(2) 按图 1－54 接线,可先接主电路,然后连接控制电路。

(3) 检查控制电路接线是否正确,按顺序依次接通实验台上的漏电保护开关及三相负荷开关。

(4) 操作启动按钮,观察各接触器、继电器、动作顺序是否正常,如出现故障,断开 Q_1 开关自行检查排除。

(5) 调整时间继电器延迟时间,重新操作,观察作用及变化。根据电动机起动所用时间,将时间继电器时间调整到合适位置,并记下整定时间。

五、讨论题

(1) 采用Y－△降压启动的方法时,对电动机有何要求?

(2) 降压启动的最终目的是控制什么物理量?

(3) 降压起动采用时间继电器延时自动控制线路有哪些优点?

六、报告要求

(1) 绘制电路原理图。

(2) 分析控制电路中各触点在电路中的功能。

(3) 在实验过程中发生过什么故障? 怎样进行检查排除?

(4) 在实验电路中,时间继电器的延时长短怎样是合适的? 延时过长或过短有什么问题?

实验十五　单相异步电动机控制电路的实验

一、实验目的

（1）学习单相异步电动机的启动原理和接线方法。

（2）了解交流接触器、按钮开关、空气开关的工作原理。

（3）掌握单相电动机的多地点控制、顺序控制的基本方法。

二、原理及说明

1. 单相异步电容电动机的启动原理

本实验用的是电容分相式异步电动机。在它的定子中放置一个启动绕组 B，它与工作绕组 A 在空间相隔 90°。启动绕组 B 与电容器 C 串联后，与工作绕组并联接入电源。如图 1－55 所示。电容器的作用是将起动绕组电路变为电容性电路，使电流 i_A 超前于电源电压 u，而通过工作绕组的电流 i_B 滞后于电源电压 u。如果电容器选择适当，可以使 i_A 和 i_B 之间具有接近 90°的相位差。当具有 90°相位差的两个电流和，通过相位差 90°的两相绕组时，它们所产生的合成磁场是一个旋转磁场。

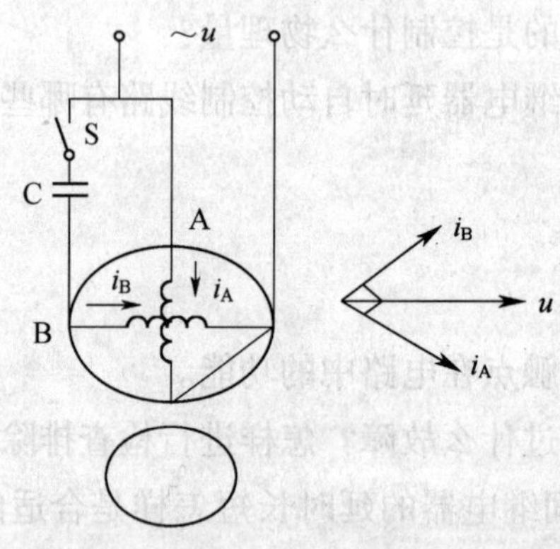

图 1－55　单相电容电动机的原理图

改变电容器 C 的串联位置，可以使单相异步电动机反转。将开关 S 合在位置 1，电容器 C 与 B 绕组串联，电流 i_A 较 i_B 超前近 90°；当将 S 切换到位置 2，电容器 C 和 A 绕组串联，i_B 较 i_A 超前近 90°。这就改变了旋转磁场的转向，从而实现电动机的反转。洗衣机中的电动机就是由定时器的转换开关实现的这种自动切换。按图 1－56 接线可以实现正、反转控制。

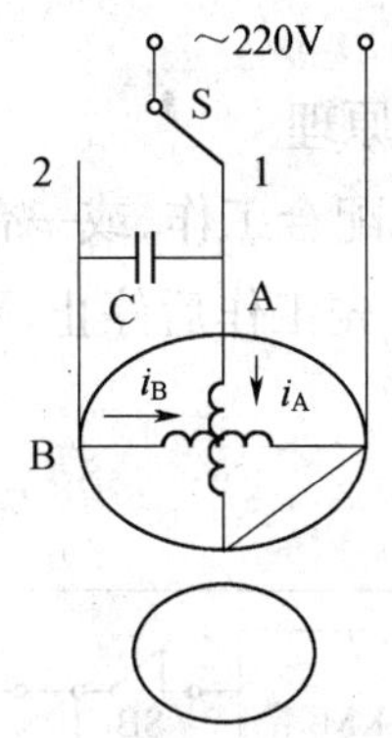

图 1-56　实现正反转的电路

2. 单相电动机的多地点控制(以两地控制为例)工作原理

交流接触器是电动机工作的主要控制装置。图 1-57 可以实现对电动机的多地点控制。

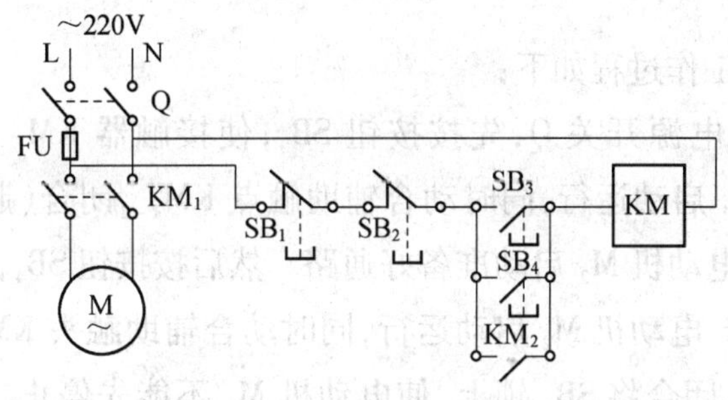

图 1-57　单相电动机的正反转控制

主电路是:单相电源——Q——FU——KM_1——M。

控制电路如图 1-58 所示。

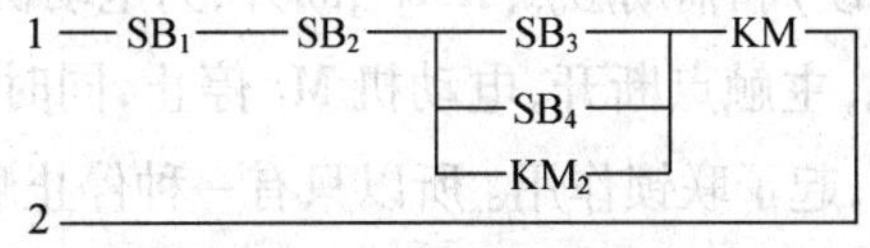

图 1-58　控制电路

启动按钮 SB_3、SB_4 的常开触点都并联在接触器辅助触头 KM_2 两端,停止按钮 SB_1、SB_2 串联在控制线路上。当闭合 Q 和 SB_3、SB_4 之一时,均能使控制电路通电,接触器线圈 KM 得电,其主触头 KM_1 闭合,辅助触头 KM_2 起自锁作用,维持电动机运转。当 SB_1、SB_2 之一断开时,均能切断控制电路,电动机停止。当把 SB_1、SB_3 装置在甲地,把 SB_2、SB_4 装置在乙地,可实现两地控制。以上说明,要想实现多地点控制,只要把所有启动按钮(常开触点)并联在接触器的自锁触头两端,把所有停止按钮(常闭触头)串联在控制线路上,即可。

3. 单相电动机顺序控制的工作原理

在生活中,经常要求几台电动机配合工作,或一台电动机按规定先后次序完成几个动作。图 1-59 的电路就可以实现 M_1 先工作后停止、M_2 后工作先停止的顺序控制过程。

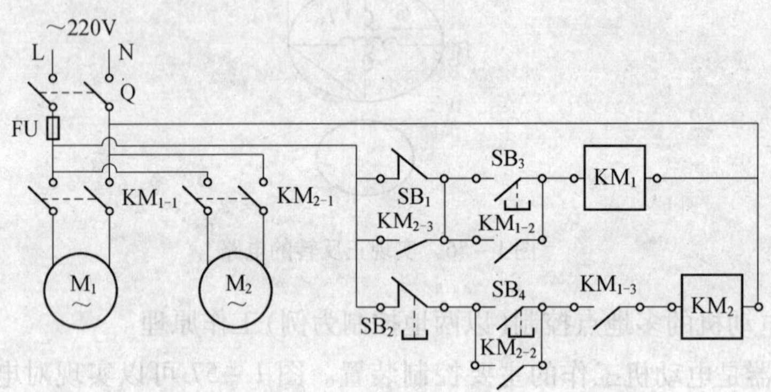

图 1-59 单相电动机的顺序控制

图 1-59 电路的工作过程如下:

(1) 启动。合上电源开关 Q,先按按钮 SB_3,使接触器 KM_1 的线圈通电。主触点 KM_{1-1}闭合,电动机 M_1 启动运行,同时动合辅助触点 KM_{1-2}闭合(起到自锁的作用)和辅助触点 KM_{1-3}闭合为电动机 M_2 启动准备好通路。然后按按钮 SB_4,使接触器线圈 KM_2 有电,主触点 KM_{2-1}闭合,电动机 M_2 启动运行,同时动合辅助触头 KM_{2-2}闭合(起到自锁作用)和辅助触头 KM_{2-3}闭合将 SB_1 锁上,使电动机 M_1 不能先停止。如果在电动机 M_1 没有运行时,先按下 SB_4 想使 M_2 电机先启动,在开关 KM_{1-3}的开路作用下,M_2 无法得电转动。所以只有一种启动顺序:M_1 先启动,M_2 后启动。

(2) 停止。按 SB_2,使接触器线圈 KM_2 断电,主触点 KM_{2-1}断开,电动机 M_2 停止。同时辅助触点 KM_{2-2}断开(不自锁)和辅助触点 KM_{2-3}断开,为电动机 M_1 停止准备了条件。然后按 SB_1,使接触器 KM_1 断电,主触点断开,电动机 M_1 停止,同时辅助触点 KM_{1-2}断开(不自锁)和辅助触点 KM_{1-3}断开,起了联锁作用。所以只有一种停止顺序:M_1 后停止,M_2 先停止。

三、实验设备

实验设备见表 1-45。

表 1-45 实验设备

名 称	型号及参数说明	数 量
单相异步电动机		2 台
数字万用表	MY65	1 块

（续）

名　称	型号及参数说明	数　量
交流接触器		3
按钮	LAY3	3
启动电容		二只

四、实验内容、步骤与要求

(1) 熟悉实验台,检查安全地线是否接牢固。检查控制开关的零线与火线位置是否正确,检查指示灯和保险管 FU 的情况。

(2) 将各元器件合理地安装在实验板上。

(3) 单相电动机的启动原理:

① 按图 1-57 接线。检查无误后,接通电源。

② 观察火线接在 1 与 2 上有何不同。

③ 单相电动机如何实现正反转,记录结论。

(4) 单相电动机的多地点控制:

① 按图 1-58 接线。先接主电路,后接控制线路,并且按先接串联电路、后接并联电路的方法进行接线。检查无误后,合上电源开关 Q。

② 按下 SB_3 或 SB_4 后,电动机的状态。

③ 按下 SB_1 或 SB_2 后,电动机的状态。

④ 考虑四个按钮之间有什么关系,记录下来。

(5) 单相电动机的顺序控制:

① 按图 1-59 接线。检查无误后,合上电源开关 Q。

② 按钮顺序为 $SB_3 \rightarrow SB_4 \rightarrow SB_2 \rightarrow SB_1$。

③ 观察现象,为什么是这样的顺序,写明原因。

(6) 断开 Q,拔掉电源插头,去掉接线,整理实验台。

五、讨论题

(1) 改变单相异步电动机旋转方向的依据是什么?画图说明洗衣机改变转动方向的连线原理。

(2) 在实验内容(5)中 KM_{1-2}、KM_{1-3} 和 KM_{2-3} 触点起什么作用?简述各自的工作过程。

实验十六　单相电度表的校验

一、实验目的

(1) 熟悉电度表的结构及工作原理。

(2) 掌握单相电度表的接线方法。

(3) 学会单相电度表的校验方法。

(4) 观察单相电度表的潜动现象及电度表的反转。

二、原理及说明

1. 实验原理说明

1) 电度表简介

电度表是一种感应式仪表,是根据交变磁场在金属中产生感应电流,从而产生转矩的基本原理而工作的仪表,主要用于测量交流电路中的电能。

2) 电度表的结构和原理

电度表主要由驱动装置、转动铝盘、制动永久磁铁和指示器等部分组成。

(1) 驱动装置和转动铝盘:驱动装置有电压铁芯线圈和电流铁芯线圈,在空间上、下排列,中间隔以铝制的圆盘。驱动两个铁芯线圈的交流电,建立起合成的交变磁场,交变磁场穿过铝盘,在铝盘上产生感应电流,该电流与磁场相互作用,产生转动力矩驱使铝盘转动。

(2) 制动永久磁铁:铝盘上方安装有一个永久磁铁,其作用是对转动的铝盘产生制动力矩,使铝盘转速与负载功率成正比。因此,在某一测量时间内,负载所消耗的电能 W 就与铝盘的转数 n 成正比。

(3) 指示器:电度表的指示器不能像其他指示仪表的指针一样停留在某一位置,而应能随着电能的不断增大而连续地转动,这样才能随时地反映出电能积累的数值。因此,它是将转动铝盘通过齿轮传动机构折换为被测电能的数值,由一系列齿轮上的数字直接指示出来。

3) 电度表的技术指标

电度表常数:铝盘的转数 n 与负载消耗的电能 W 成正比,即

$$N = \frac{n}{W}$$

比例系数 N 称为电度表常数,常在电度表上标明,其单位是 r/(kW · h)。

电度表灵敏度：电度表灵敏度是指在额定电压、额定频率及 $\cos\varphi = 1$ 的条件下，从零开始调节负载电流，测出铝盘刚开始转动的最小电流值 $I_{\min}$，则仪表的灵敏度表示为

$$S = \frac{I_{\min}}{I_N} \times 100\%$$

式中：I_N 为电度表的额定电流。

电度表的潜动是指负载等于零时，电度表仍出现缓慢转动的情况，按照规定，无负载电流时，外加电压为电度表额定电压的 110%（达 242V）时，观察铝盘的转动是否超过一圈，凡超过一圈者，判为潜动不合格的电度表。

2. 实验线路

电度表校验实验接线图如图 1－60 所示。

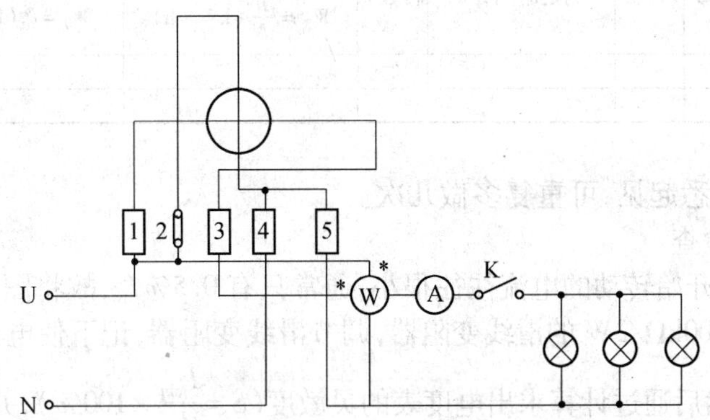

图 1－60　电度表校验实验接线图

三、实验设备

实验设备见表 1－46。

表 1－46　实验设备

名　称	型号及参数说明	数　量
电度表		一块
秒表		一块
交流电压表		一块
交流电流表		一块
智能功率表		一块
灯泡组		三组
滑线变阻器		一只
自耦调压器		一台

四、实验内容及步骤

被校验电度表的数据：

额定电流 $I_N =$　　　，额定电压 $U_N =$　　　，电度表常数 $N =$　　　，准确度为　　　。

1. 用功率表、秒表法校验电度表的准确度

电度表的接线与功率表相同,其电流线圈与负载串联,电压线圈与负载并联。

线路检查正确后,接通电源,将调压器的输出电压调到220V,按表1-48的要求接通灯组负载,用秒表定时记录电度表铝盘的转数及记录各表的读数。

为了减小误差,在数转数的时候,可将电度表铝盘上的一小段红色标记刚出现(或刚结束)时作为秒表计时的开始。此外,为了能记录整数转数,可先预定好转数,待电度表铝盘刚转完此转数时,作为秒表测定时间的终点,所有数据记入表1-47。

表1-47 实验数据

负载情况	测量值					计算值		
	U/V	I/A	P/kW	测定时间 t/h	转数 n	实测电能 $W_X=\frac{n}{N}$(kW·h)	计算电能 $W_0=Pt$(kW·h)	$\frac{W_0-W_X}{W_0}$
4×25W								
6×25W								

为了准确和熟悉起见,可重复多做几次。

2. 灵敏度的检查

电度表铝盘刚开始转动的电流往往很小,通常只有 $0.5\%I_N$,故将图1-60中的灯组负载拆除,换接一个100kΩ/3W的滑线变阻器,调节滑线变阻器,记下使电度表铝盘刚开始转动的最小电流值,然后通过计算求出电度表的灵敏度($S=\frac{I_{min}}{I_N}\times100\%$),并与标称值作比较。

3. 检查电度表潜动是否合格

此时,只要切断负载,即断开电度表的电流线圈回路,调节调压器的输出电压为额定电压的110%(即242V),仔细观察电度表的铝盘有否转动,一般允许有缓慢的转动,但应在不超过一圈的任一点上停止,这样,电度表的潜动为合格;反之则不合格。

五、注意事项

(1) 电度表的校验过程中,电压的调节一定不要超过额定电压值。

(2) 正确选择功率表的量程。

(3) 记录时,同组的同学一定要密切配合秒表定时,读取转数步调要一致,以确保测量的准确性。

六、预习与思考题

(1) 了解电度表的结构、工作原理和接线方法。

(2) 电度表有哪些技术指标?如何测定?

七、报告要求

(1) 完成上述数据测试和列表记录。

(2) 说明所校验的电度表的准确度。

第二部分

仿真实验

一、Multisim 10 简介

（1）NI Multisim 10 是美国国家仪器公司（National Instruments，NI）推出的。

（2）目前美国 NI 公司的 EWB 包含电路仿真设计的模块 Multisim、PCB 设计软件 Ultiboard、布线引擎 Ultiroute 及通信电路分析与设计模块 Commsim 4 个部分，能完成从电路的仿真设计到电路板图生成的全过程。Multisim、Ultiboard、Ultiroute 及 Commsim 4 个部分相互独立，可以分别使用。Multisim、Ultiboard、Ultiroute 及 Commsim 4 个部分有增强专业版（Power Professional）、专业版（Professional）、个人版（Personal）、教育版（Education）、学生版（Student）和演示版（Demo）等多个版本，各版本的功能和价格有着明显的差异。

（3）NI Multisim 10 用软件的方法虚拟电子与电工元器件，虚拟电子与电工仪器和仪表，实现了“软件即元器件”、“软件即仪器”。NI Multisim 10 是一个原理电路设计、电路功能测试的虚拟仿真软件。

（4）NI Multisim 10 的元器件库提供数千种电路元器件供实验选用，同时也可以新建或扩充已有的元器件库，而且建库所需的元器件参数可以从生产厂商的产品使用手册中查到，因此也很方便地在工程设计中使用。

（5）NI Multisim 10 的虚拟测试仪器仪表种类齐全，有一般实验用的通用仪器，如万用表、函数信号发生器、双踪示波器、直流电源；而且还有一般实验室少有或没有的仪器，如波特图仪、字信号发生器、逻辑分析仪、逻辑转换器、失真仪、频谱分析仪和网络分析仪等。

（6）NI Multisim 10 具有较为详细的电路分析功能，可以完成电路的瞬态分析和稳态分析、时域和频域分析、器件的线性和非线性分析、电路的噪声分析和失真分析、离散傅里叶分析、电路零极点分析、交直流灵敏度分析等，以帮助设计人员分析电路的性能。

（7）NI Multisim 10 可以设计、测试和演示各种电子电路，包括电工学、模拟电路、数字电、射频电路及微控制器和接口电路等。可以对被仿真的电路中的元器件设置各种故障，如开路、短路和不同程度的漏电等，从而观察不同故障情况下的电路工作状况。在进行仿真的同时，软件还可以存储测试点的所有数据，列出被仿真电路的所有元器件清单，以及存储测试仪器的工作状态、显示波形和具体数据等。

（8）NI Multisim 10 有丰富的 Help 功能，其 Help 系统不仅包括软件本身的操作指南，更重要的是包含有元器件的功能解说，Help 中这种元器件功能解说有利于使用 EWB 进行 CAI 教学。另外，NI Multisim10 还提供了与国内外流行的印制电路板设计自动化软件

Protel 及电路仿真软件 PSpice 之间的文件接口,也能通过 Windows 的剪贴板把电路图送往文字处理系统中进行编辑排版。支持 VHDL 和 Verilog HDL 语言的电路仿真与设计。

(9) 利用 NI Multisim 10 可以实现计算机仿真设计与虚拟实验,与传统的电子电路设计与实验方法相比,具有如下特点:设计与实验可以同步进行,可以边设计边实验,修改调试方便;设计和实验用的元器件及测试仪器仪表齐全,可以完成各种类型的电路设计与实验;可方便地对电路参数进行测试和分析;可直接打印输出实验数据、测试参数、曲线和电路原理图;实验中不消耗实际的元器件,实验所需元器件的种类和数量不受限制,实验成本低,实验速度快,效率高;设计和实验成功的电路可以直接在产品中使用。

(10) NI Multisim 10 易学易用,便于电子信息、通信工程、自动化、电气控制类专业学生自学、便于开展综合性的设计和实验,有利于培养综合分析能力、开发和创新的能力。

(11) 电源/信号源库包含有接地端、直流电压源(电池)、正弦交流电压源、方波(时钟)电压源、压控方波电压源等多种电源与信号源。基本器件库包含有电阻、电容等多种元件。基本器件库中的虚拟元器件的参数是可以任意设置的,非虚拟元器件的参数是固定的,但是可以选择的。

二极管库包含二极管、晶闸管等多种器件。二极管库中的虚拟器件的参数是可以任意设置的,非虚拟元器件的参数是固定的,但是是可以选择的。

晶体管库包含晶体管、场效应管等多种器件。晶体管库中的虚拟器件的参数是可以任意设置的,非虚拟元器件的参数是固定的,但是是可以选择的。

模拟集成电路库包含多种运算放大器。模拟集成电路库中的虚拟器件的参数是可以任意设置的,非虚拟元器件的参数是固定的,但是是可以选择的。

TTL 数字集成电路库包含 74××系列和 74LS××系列等 74 系列数字电路器件。

CMOS 数字集成电路库包含 40××系列和 74HC××系列多种 CMOS 数字集成电路系列器件。

数字器件库包含 DSP、FPGA、CPLD、VHDL 等多种器件。

数模混合集成电路库包含 ADC/DAC、555 定时器等多种数模混合集成电路器件。

指示器件库包含电压表、电流表、七段数码管等多种器件。

电源器件库包含三端稳压器、PWM 控制器等多种电源器件。

其他器件库包含晶体、滤波器等多种器件。

键盘显示器库包含键盘、LCD 等多种器件。

机电类器件库包含开关、继电器等多种机电类器件。

微控制器件库包含 8051、PIC 等多种微控制器。

射频元器件库包含射频晶体管、射频 FET、微带线等多种射频元器件。

(12) 子电路是由用户自己定义的一个电路(相当于一个电路模块),可存放在自定元器件库中供电路设计时反复调用。利用子电路可使大型的、复杂系统的设计模块化、层次化，从而提高设计效率与设计文档的简洁性、可读性，实现设计的重用，缩短产品的开发周期。

（13）Multisim 的仪器库存放有数字多用表、函数信号发生器、示波器、波特图仪、字信号发生器、逻辑分析仪、逻辑转换仪、瓦特表、失真度分析仪、网络分析仪、频谱分析仪 11 种仪器仪表可供使用，仪器仪表以图标方式存在。

数字多用表是一种可以用来测量交直流电压、交直流电流、电阻及电路中两点之间分贝损耗，自动调整量程的数字显示的多用表。

函数信号发生器是可提供正弦波、三角波、方波三种不同波形的信号的电压信号源。

瓦特表用来测量电路的功率，交流或者直流均可测量。

示波器用来显示电信号波形的形状、大小、频率等参数的仪器。

波特图仪可以用来测量和显示电路的幅频特性与相频特性，类似于扫频仪。

字信号发生器是能产生 16 路（位）同步逻辑信号的一个多路逻辑信号源，用于对数字逻辑电路进行测试。

逻辑分析仪用于对数字逻辑信号的高速采集和时序分析，可以同步记录和显示 16 路数字信号。

失真分析仪是一种用来测量电路信号失真的仪器，Multisim 提供的失真分析仪频率范围为 20Hz ~ 20kHz。

频谱分析仪用来分析信号的频域特性，Multisim 提供的频谱分析仪频率范围上限为 4GHz。

网络分析仪是一种用来分析双端口网络的仪器，它可以测量衰减器、放大器、混频器、功率分配器等电子电路及元件的特性。Multisim 提供的网络分析仪可以测量电路的 S 参数，并计算出 H、Y、Z 参数。

IV（电流/电压）分析仪用来分析二极管、PNP 和 NPN 晶体管、PMOS 和 CMOS FET 的 IV 特性。注意：IV 分析仪只能够测量未连接到电路中的元器件。

Multisim 提供测量探针和电流探针。在电路仿真时，将测量探针和电流探针连接到电路中的测量点，测量探针即可测量出该点的电压和频率值。电流探针即可测量出该点的电流值。

电压表和电流表都放在指示元器件库中，在使用中数量没有限制。

二、Multisim10 仿真软件的基本功能及基本操作

下面对 Multisim10 的基本功能与基本操作做一个简单介绍,使读者能够较快地熟悉 Multisim10 的基本使用方法。

1. 启动操作

启动 Multisim10 以后,出现以下界面,如图 2-1 所示。

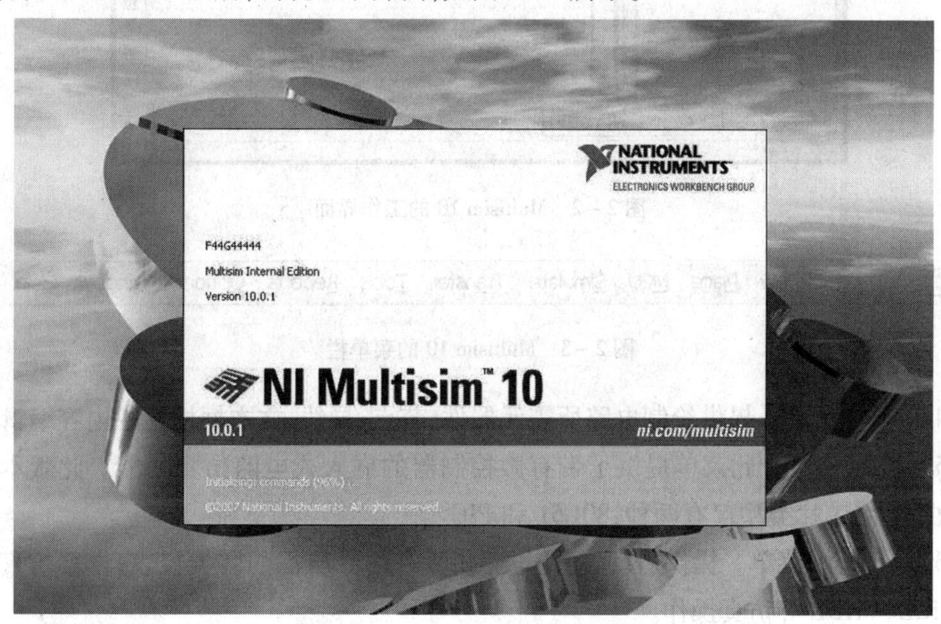

图 2-1　Multisim10 的启动界面

2. Multisim 10 打开后的界面

Multisim10 的基本操作界面包括电路工作区、菜单栏、设计工具箱、元器件栏、仿真开关、电路元件属性视窗等(图 2-2)。由这些基本操作界面就相当于一个全面的实验室平台。

图 2-3 为菜单栏,在菜单栏主要包括:

(1) File 菜单。提供基本的打开、新建、保存文件等操作。

(2) Edit 菜单。此菜单主要包括 Undo、Redo、Cut、Copy、Paste、Delete、Find 和 Select All 等选项。

(3) View 菜单。此菜单的功能有:缩放基本操作界面,全屏显示,绘制电路工作区的显示方式,以及扩展条、工具栏、电路的文本描述,是否显示工具栏等。

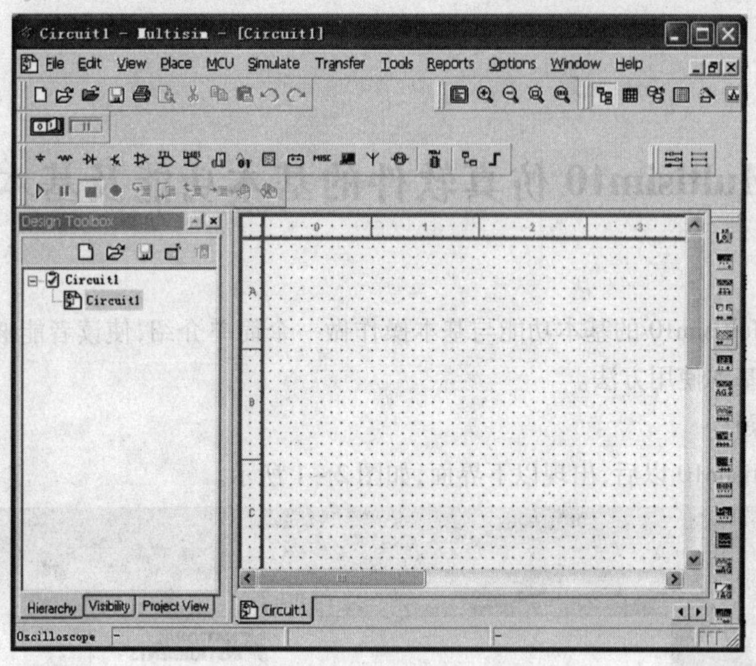

图 2-2　Multisim 10 的工作界面

File　Edit　View　Place　MCU　Simulate　Transfer　Tools　Reports　Options　Window　Help

图 2-3　Multisim 10 的菜单栏

（4）Place 菜单。提供绘制电路所需元器件、节点、导线，文本框标题栏内容编辑。

（5）MCU 菜单。此菜单提供了带有微控制器的嵌入式电路仿真功能。此版本能支持的微控制器芯片类型仅有两种：80C51 和 PIC。

（6）Simulate 菜单。提供启动、停止电路仿真和仿真所需的各类仪表；设置仿真环境及 PSPICE、VHDL 等仿真操作。

（7）Transfer 传送菜单。提供仿真电路的各种数据与 Ultiboard10 的数据相互传送的功能。

（8）Tools 菜单。提供各种常用电路的快速创建向导。

（9）Report 菜单。此菜单可用于产生指定元件存储在数据库中的所有信息和当前电路窗口中所有器件详细参数报告。

（10）Options 菜单。可根据用户需要设置电路功能、存放模式以及工作界面功能。

（11）Window 菜单。此菜单提供对一个电路的各子电路以及不同的各个仿真电路同时浏览的功能。

（12）Help 菜单。提供软件使用帮助。

3. 设计工具箱

设计工具箱如图 2-4 所示，位于基本工作界面的左侧，主要用于层次电路的显示，例如，Multisim10 刚刚启动时，自动默认命名的 Circuit1 电路就以层次化的形式表现出来。

（1）Hierarchy 选项用于不同电路的分层显示，单击可以新建 Circuit2 电路。

（2）Project View 选项用于显示同一电路的不同页。

（3）Visibility 选项用于设置是否显示电路的各种参数标识。

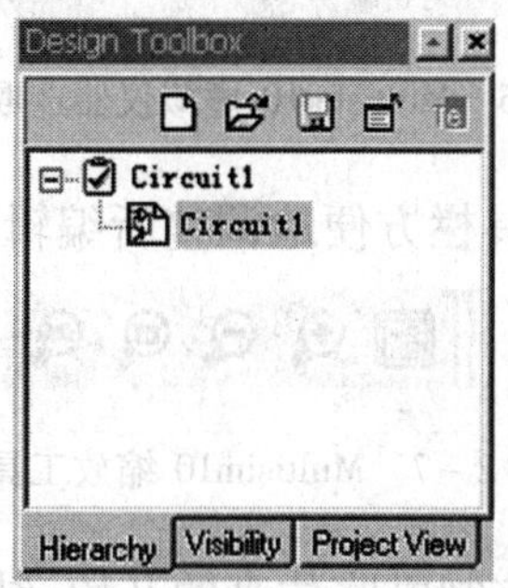

图 2-4　Multisim10 设计工具箱

4. 工作电路区

工作电路区是基本工作界面最主要的部分，用来创建用户需要仿真的各种实际电路。可以设置标尺辅助绘制电路。

5. 工具栏

Multisim10 提供了多种工具栏，并以层次化的模式加以管理，用户可以通过 View 菜单中的选项方便地将顶层的工具栏打开或关闭，再通过顶层工具栏中的按钮来管理和控制下层的工具栏。通过工具栏，用户可以方便直接地使用软件的各项功能。

顶层的工具栏有 Standard 工具栏、Design 工具栏、Zoom 工具栏、Simulation 工具栏。

（1）Standard 工具栏包含了常见的文件操作和编辑操作。

（2）Design 工具栏作为设计工具栏是 Multisim 的核心工具栏，通过对该工作栏按钮的操作可以完成对电路从设计到分析的全部工作，其中的按钮可以直接开关下层的工具栏：Component 中的 Multisim Master 工具栏、Instrument 工具栏。

① 作为元器件工具栏中的一项，可以在 Design 工具栏中通过按钮来开关 Multisim Master 工具栏。该工具栏有 18 个按钮，每一个按钮都对应一类元器件，其分类方式和 Multisim 元器件数据库中的分类相对应，通过按钮上图标就可大致清楚该类元器件的类型（图 2-5）。

图 2-5　Multisim10 器件选取工具栏

这个工具栏作为元器件的顶层工具栏，每一个按钮又可以开关下层的工具栏，下层工具栏是对该类元器件更细致的分类工具栏。以第一个按钮为例。通过这个按钮可以开关电源和信号源类的 Sources 工具栏。

② Instruments 工具栏集中了 Multisim 为用户提供的所有虚拟仪器仪表，用户可以通过按钮选择自己需要的仪器对电路进行观测。虚拟仪器工具栏如图 2－6 所示。

图 2－6　Multisim10 虚拟仪器选取工具栏

（3）用户可以通过 Zoom 工具栏方便地调整所编辑电路的视图大小，如图 2－7 所示。

图 2－7　Multisim10 缩放工具栏

（4）Simulation 工具栏可以控制电路仿真的开始、结束和暂停，如图 2－8 所示。

图 2－8　Multisim10 控制工具栏

三、Multisim10 常用虚拟仪器的使用

对电路进行仿真运行,通过对运行结果的分析,判断设计是否正确合理,是 EDA 软件的一项主要功能。为此,Multisim 10 为用户提供了类型丰富的虚拟仪器,可以从 Design 工具栏下 Instruments 工具栏,或用菜单命令(Simulation/Instrument)选用这些常用仪表,如图 2-9 所示。

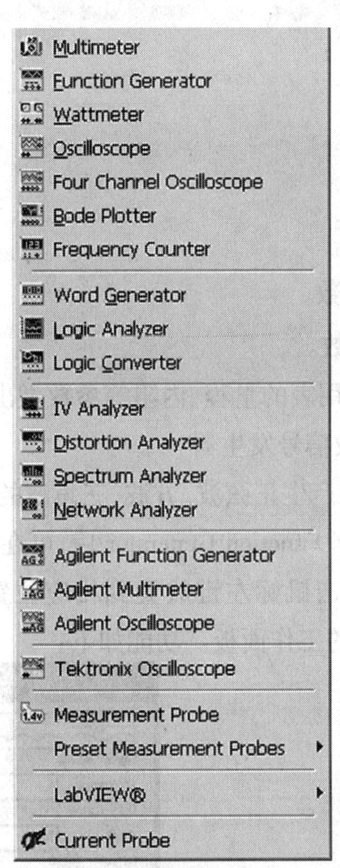

图 2-9　Multisim 10 提供的虚拟仪器列表

在选用后,各种虚拟仪表都以面板的方式显示在电路中。

下面分别介绍常用的几种虚拟仪器的使用方法。

1. Multimeter 数字万用表

数字万用表可以用来测量交、直流电压,交、直流电流、电阻。其量程可自动调整。单击 Simulate/Instruments/Multimeter 后,将出现一个万用表的虚框随鼠标移动,单击鼠标左

键可放到相应位置上。双击图标可以得到如图2-10所示的万用表控制面板。

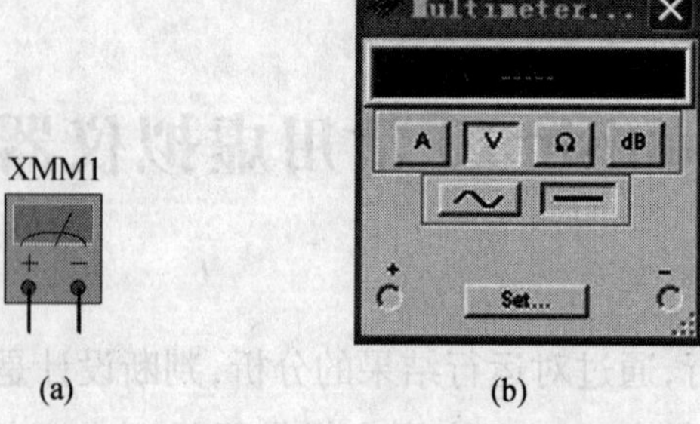

图2-10 数字万用表

（a）数字万用表图标；（b）数字万用表的控制面板。

测量类型的选取功能如下：

（1）A：测量对象为电流。

（2）V：测量对象为电压。

（3）Ω：测量对象为电阻。

（4）dB：切换到分贝显示。

（5）～：表示测量交流参数。

（6）—：表示测量直流参数。

（7）Set：单击后可以对万用表的量程、内阻等参数做出设置。

2. Function Generator 函数信号发生器

函数信号发生器可以用来产生正弦波、方波、三角波的电压信号。

单击 Simulate/Instruments/ Function Generator 后，可在工作电路区得到一个移动的函数信号发生器的虚框图标，单击鼠标左键放置到相应位置。双击该图标可以得到如图2-11所示的函数信号发生器的工作面板。功能如下：

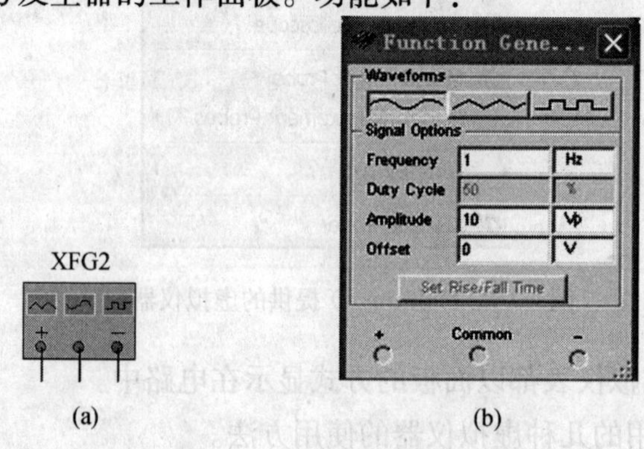

图2-11 函数信号发生器

（a）函数信号发生器图标；（b）函数信号发生器的控制面板。

(1) 上方的三个大的按键为波形选择按键。

(2) Frequency:设置输出信号的频率。

(3) Duty Cycle:设置输出方波和三角波的占空比。

(4) Amplitude:设置输出信号的幅值。

(5) Offset:设置输出信号的偏置电压,即信号中直流成分的大小。

(6) +,-:分别表示输出信号的正负极性输出端。

(7) Common:表示公共接地端。

3. Wattermeter 瓦特表

瓦特表用于测量电路的功率。它可以用来测量直流和交流功率。

单击 Simulate/Instruments/Wattermeter 可以得到瓦特表的图标,放置到电路工作区后双击鼠标左键可得到如图 2-12 所示的控制面板。

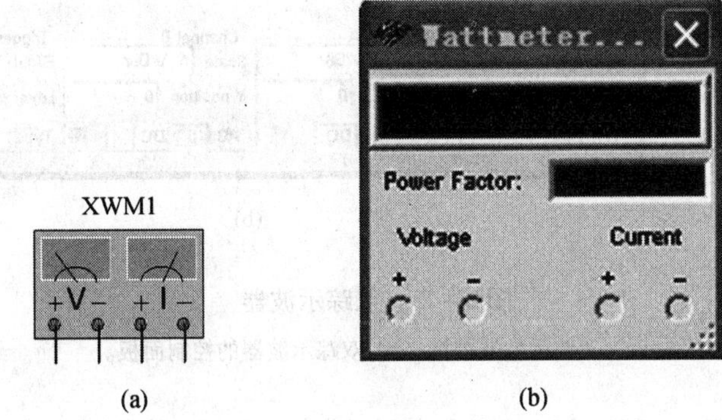

图 2-12 数字万用表

(a) 瓦特表图标;(b) 瓦特表的控制面板。

控制面板功能如下:

(1) 黑色框区用来显示功率。

(2) Power Factor:功率因数显示栏。

(3) Voltage:电压的输入端点,从"+","-"极分别接入。

(4) Current:电流的输入端点,从"+","-"极分别接入。

4. Oscilloscape 双踪示波器

双踪示波器用来测量被测信号的波形,还可以用来测量被测信号的频率和周期等参数。

单击 Simulate/Instruments/Oscilloscape 可以得到双踪示波器的图标。双击该图标可得到其控制面板,如图 2-13 所示。

控制面板功能如下:

1) Timebase 模块

(1) Scale:X 轴刻度选择。控制示波器显示信号时横轴每个格所代表的时间值。

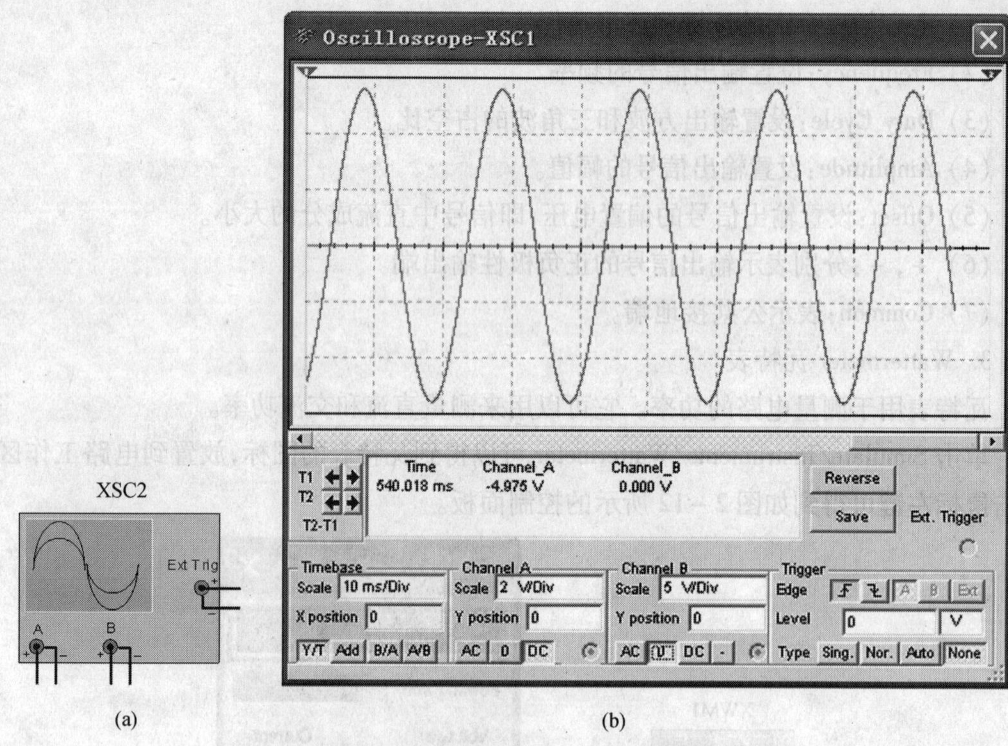

图 2－13　双踪示波器

（a）双踪示波器图标；（b）双踪示波器的控制面板。

（2）X position：用来调整时间基准起始点位置，可以调整信号的起始点位置。正值起点向右移动，负值起点向左移动。

（3）Y/T：选择按时间变化显示信号电压波形。

（4）Add：选择将两个通道的信号进行叠加显示。

（5）B/A：选择将 A 通道信号作为 X 轴扫描信号，B 通道信号除以 A 通道信号的结果作为 Y 轴扫描信号。

（6）A/B：选择将 B 通道信号作为 X 轴扫描信号，A 通道信号除以 B 通道信号的结果作为 Y 轴扫描信号。

2）Channel 模块

（1）Channel A：A 通道设置。

（2）Scale：Y 轴的刻度选择。控制在示波器显示信号时，Y 轴每格代表的电压值。可调整信号在屏幕上显示的大小，以便在屏幕上显示完整的信号波形。

（3）Y position：用来调整示波器 Y 轴方向的原点位置，即可以上下调整波形位置。

（4）AC：滤除信号中的直流部分，仅显示其交流成分。

（5）DC：将信号的交直流部分同时显示。

（6）0：没有信号方式，输入端接地。

3）Trigger 模块

该模块用来设置示波器的触发方式。

（1）Edge：触发器边沿选择，可以选择上升沿触发或者下降沿触发。

（2）Level：设置触发电平，只有当被显示的信号幅度超过右侧文本框的数值时示波器才进行采样显示。

（3）Type：设置触发方式。可以选择 Auto、Single、Normal、None。

4）数值显示区

在示波器屏幕上有 A/B 两条指针，移动指针的位置时在数值显示区将出现对应波形的时间和电压数据。第二行和第三行显示的数值为标尺所在位置中两个通道上的波形数据，第四行为第二行和第三行数据的差值。通过这一操作可以简单测量信号的周期、幅值、相位差等。

双踪示波器控制面板的应用如图 2－14 所示。

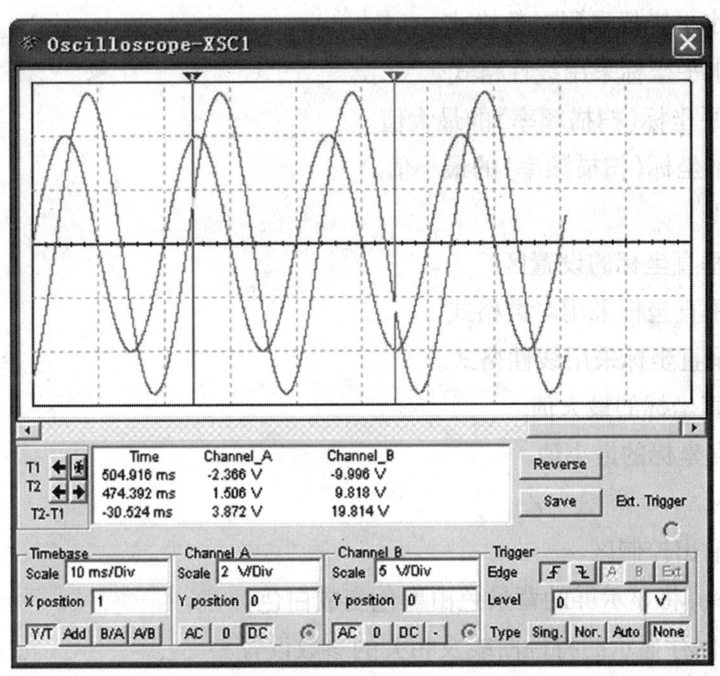

图 2－14　双踪示波器控制面板的应用

5. Bode Plotter 波特图仪

利用波特图仪可以测量电路的频率特性，包括幅频特性和相频特性。

单击 Simulate/Instruments/Bode Plotter，得到如图 2－15（a）所示的波特图仪图标，双击该图标可得到波特图仪的控制面板。

控制面板的功能如下：

1Mode：模式选择功能，选择显示幅频特性（Magnitude）和相频特性（Phase）曲线。

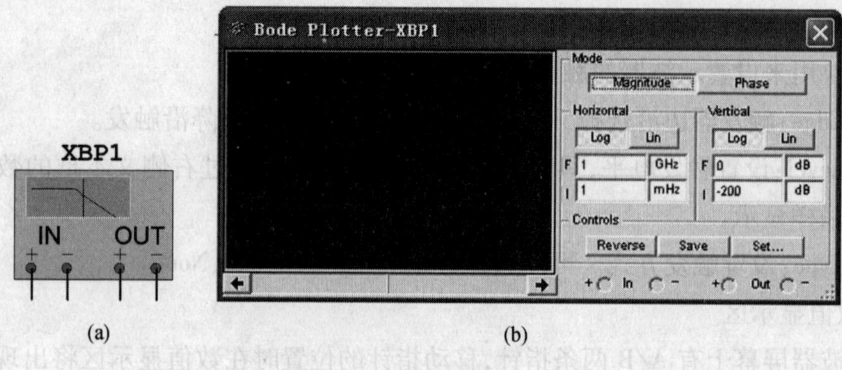

(a)　　　　　　　　　　　　　　(b)

图 2-15　波特图仪

（a）波特图仪图标；（b）波特图仪的控制面板。

1）Horizontal

该区域是水平坐标的频率显示格式设置区。

（1）Log:水平坐标采用对数格式。

（2）Lin:水平坐标采用线性格式。

（3）F:水平坐标（扫描频率）的最大值。

（4）I:水平坐标（扫描频率）的最小值。

2）Vertical

该区域为垂直坐标的设置区。

（1）Log:垂直坐标采用对数格式。

（2）Lin:垂直坐标采用线性格式。

（3）F:垂直坐标的最大值。

（4）I:垂直坐标的最小值。

3）Controls

该区域为输出控制区。

（1）Reverse:将显示屏的背景色由黑色变成白色。

（2）Save:保存显示的特性曲线及相关的参数设置。

（3）Set:设置扫描分辨率，其范围为 1～1000，默认值为 100。

在波特图仪中有两个端口:In 和 Out 端口。In 是被测信号输入端口，Out 是被测信号的输出端口。

四、Multisim10 仿真实验

实验一　基尔霍夫定律的仿真研究

一、实验目的

(1) 本实验涉及仿真软件的学习及有关交流电路的谐振特性的相关知识。

(2) 组成 RLC 串联谐振电路,改变可调频电源的频率,测量电路的频率特性;改变电阻值,研究谐振曲线的变化规律;学会使用波特图仪测试电路的频率特性。

二、实验设备

(1) 计算机一台。

(2) Multisim 软件开发系统一套。

三、实验内容及操作步骤

基尔霍夫定律是集总电路的基本定律,它包括基尔霍夫电流定律和基尔霍夫电压定律。

1. 基尔霍夫电流定律

基尔霍夫电流定律的内容是:在集总电路中,无论何时对于鸡枞电路中的任意节点,流入该节点的电流和流出该节点的电流的代数和恒等于零。

具体步骤如下:选取元件。选取两个不同电压值的直流电源、一个参考接地点以及三个电阻,阻值分别为 2kΩ、1kΩ 和 510Ω。

单击菜单中的 Place/Component。弹出如图 2－16 所示的对话框。

在对话框中可以看见有如下几处列表及下拉菜单:

(1) Database 下拉菜单。列表中的三个选项分别为 Master Database(表示主元件库)、Corporate Database(表示公司元件库)、User Database(表示用户元器件库)。主元件库中包括常见的几乎所有器件。

(2) Group 下拉菜单。Group 为某一元器件库中的各种不同类型元件的集合。图中一共列出了 17 种元件类型。它们分别为源器件、二极管、晶体管、模拟器件、TTL 器件、CMOS 器件、MCU 模块、高级外设模块、数字器件、数模混合器件、指示仿真结果器件、电源相关器件、其他器件、射频器件、机械电子器件和梯形图器件。

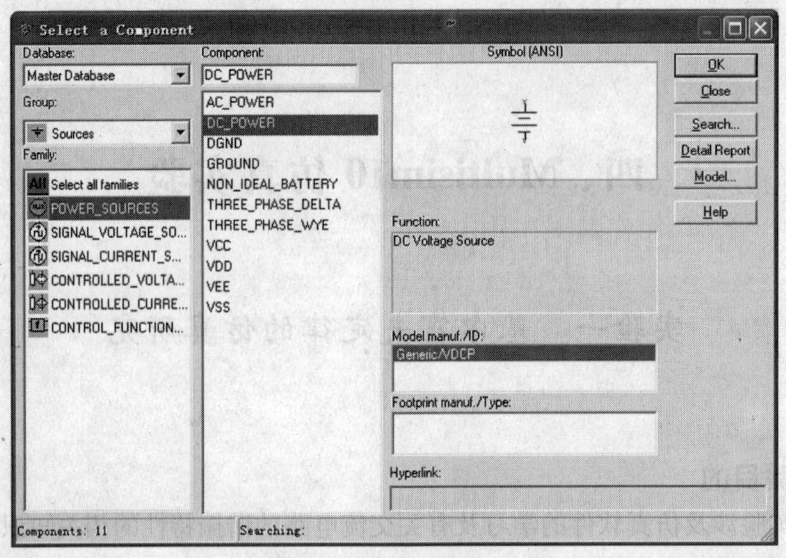

图 2－16　信号源选取菜单

第一步，选择源器件（Sources）/POWER_SOURCES/DC_POWER，单击 OK。其中选择 Sources 后其下拉菜单中出现的 6 种电源类型分别为直流电压源、单信号交流电压源、单信号交流电流源、控制函数、受控电压源和受控电流源。选择不同的器件在对话框的右侧将出现不同的电路符号、外形、功能、封装模式等描述信息。单击 OK 后将在电路工作区出现一个直流电源的符号随鼠标位置移动，单击左键可将其放置到电路工作区。用同样的方法可以再放置另一个直流电源在电路中。

接地点的选择与直流电源类似，不同点是在 Component 中选择 GROUND 即可；Basic/RESISTOR，如图 2－17 所示。

可选择需要的电阻，放置到电路工作区的合适位置。当器件默认的摆放方向与需要的不同时，可以右键单击要改换方向的器件，选择要旋转的方向和角度。

第二步，连接电路中的导线。待所有的元器件都已经放置于工作区后，开始连接导线。将鼠标移动到要连接的器件的某个引脚上，这时，鼠标指针会变成中间有实心点的十字。单击鼠标左键后再次移动鼠标，就会拖出一条黑虚线。将此黑虚线按照设定的走线路径拖拽，有拐点时可以点击鼠标左键然后继续，移动到要连接的元件引脚时，再次单击鼠标左键，这时就会将两个元器件的引脚连接起来（图 2－18）。

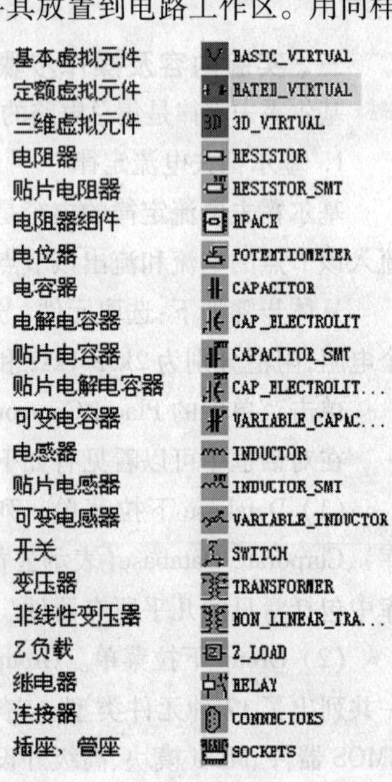

图 2－17　基本器件符号及名称

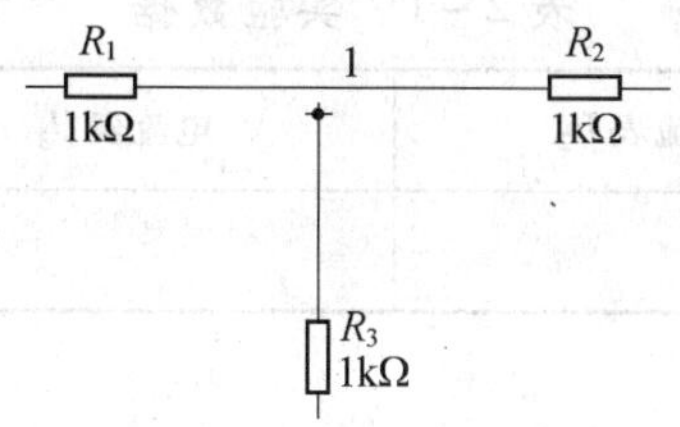

图 2－18　Multisim 引线方法

第三步，分析仿真电路。Multisim 10 提供了两种仿真方法：虚拟仪器仿真和整体分析方法。

本次使用虚拟指示器进行仿真，选取方法为点击：Place/Component/Indicators 将出现如图 2－19 所示的界面。

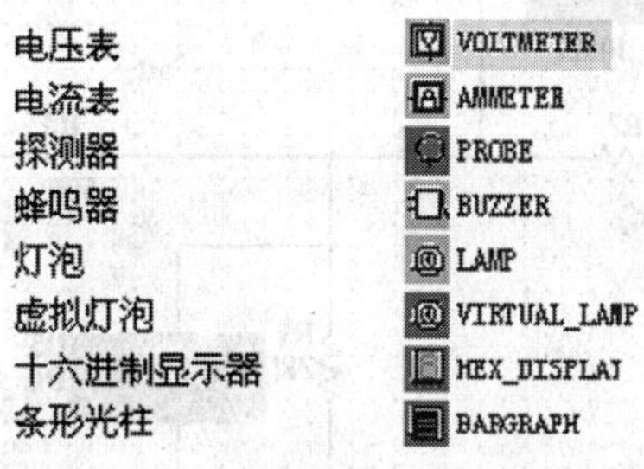

图 2－19　虚拟指示器及其图标列表

选择电流表，此时出现在电路工作区的是一块电流表，用同样的方法再放置两块电流表。这时的仿真电路如图 2－20 所示。

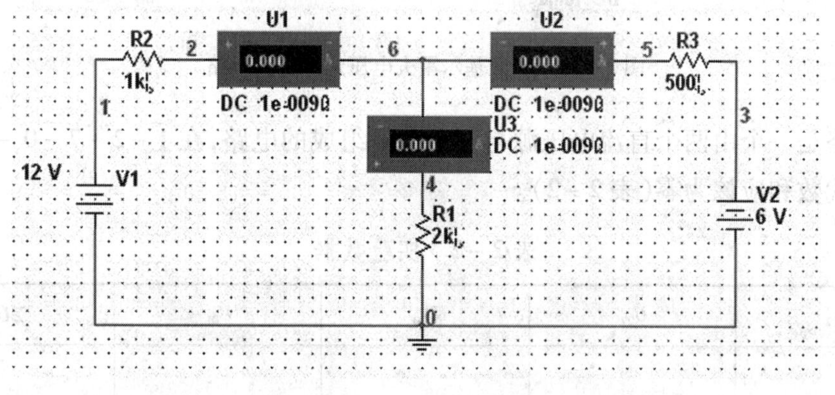

图 2－20　验证基尔霍夫电流定律仿真电路

电路的电流参考方向以流入中心节点为正参考方向。

单击 即可开始仿真，此时电流表显示的数值即为该支路的电流值。若其电流代数和为 0，则说明基尔霍夫电流定律是成立的（表 2－1）。

表 2-1　实验数据

电流表 U_1	电流表 U_2	电流表 U_3	电流代数和

2. 基尔霍夫电压定律

基尔霍夫电压定律的内容是:对集总电路而言,无论何时,沿任意闭合回路,各电压代数和恒等于零。在基尔霍夫电压定律中要指定回路的环路方向。根据基尔霍夫电压定律建立仿真电路如图 2-21 所示。

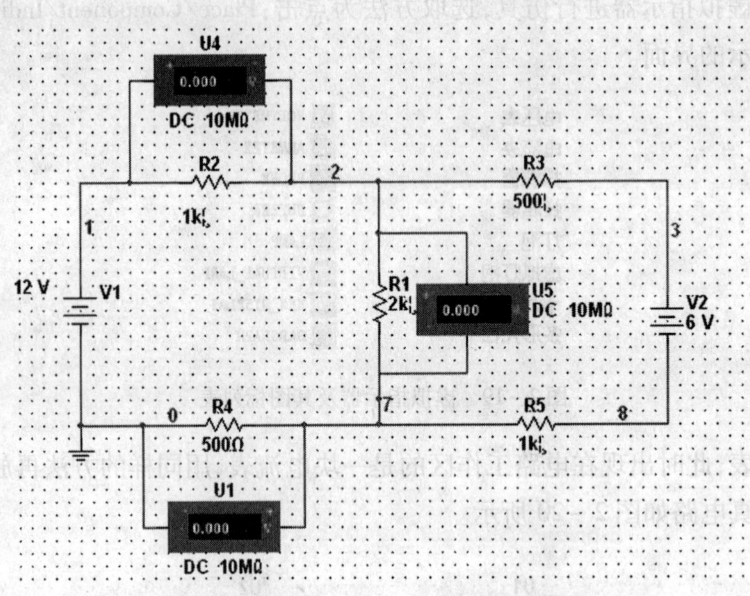

图 2-21　验证基尔霍夫电压定律仿真电路

该电路是一个由两个直流电压源与五个电阻组成的电路,在 1-2-7-0-1 的环路中电压的代数和应该为零(表 2-2)。

表 2-2　实验数据

U_{12}	U_{27}	U_{70}	U_{01}	ΣU

四、报告要求

(1) 画出实验电路。

(2) 根据仿真结果的数据分别验证基尔霍夫电压定律和基尔霍夫电流定律。

实验二　戴维南定理和诺顿定理的仿真研究

一、实验目的

（1）利用仿真分析验证戴维南定理、诺顿定理。

（2）掌握线性有源二端网络的戴维南等效电路的分析方法。

（3）加深对等效变换的理解。

二、原理及说明

戴维南定理：任何一个线性有源二端网络，对外电路来说，总可以用一个电压源和电阻的串联来等效替换，此电压源的电压 U_S 等于这个有源二端网络的开路电压 U_{OC}，其电阻 R_i 等于该网络中所有独立源置零（电压源短接，电流源开路）后的等效电阻 R_{eq}。

诺顿定理：任何一个线性有源二端网络，对外电路来说，总可以用一个电流源和电阻的并联组合来等效替换，此电流源的电流 I_S 等于这个有源二端网络的短路电流 I_{SC}，其电阻 R_i 等于该网络中所有独立源均置零（电压源短接，电流源开路）后的等效电阻 R_{eq}。

U_{OC}、R_{eq}或 I_{SC}、R_{eq}称为线性有源二端网络的等效参数。

计算等效电阻 R_{eq}时，若电路中仅含电阻，则应用电阻的串、并联和Y－△变换等方法，可以求得它的等效电阻。如果一端口内部除电阻以外还含有受控源，则往往不能直接用简单的串并联求取等效电阻，只能利用端口电压电流关系即输入电阻来求等效电阻。求端口输入电阻的一般方法称为电压、电流法，即在端口加以电压源 U_S，然后求出端口电流 I；或在端口加以电流源 I_S，然后求出端口电压 U，输入电阻为

$$R_{eq} = \frac{U_S}{I} = \frac{U}{I_S}$$

三、实验内容与步骤

1. 测量有源线性二端网络的外特性

（1）在 Multisim 10 环境下创建如图 2－22 所示的仿真实验电路。实验参数：$R_1 = 10\Omega$，$R_2 = 330\Omega$，$R_3 = 510\Omega$，$R_4 = 510\Omega$，$U_S = 12V$，$I_S = 10mA$。R_L 为阻值可变电阻。

（2）按下仿真软件“启动/停止”开关，启动电路，开始仿真分析。按表所列数值改变电阻 R_L，读取电压表和电流表的显示数据，记入表 2－3 中。

2. 戴维南定理的验证

（1）根据实验内容 1 的测试数据，可求出该二端网络的戴维南等效电路中的串联电阻 R_{eq}。根据被测有源二端网络的开路电压 U_{OC}值及等效电阻 R_{eq}值，在 Multisim10 环境下

创建如图 2-23 所示的戴维南等效电路。

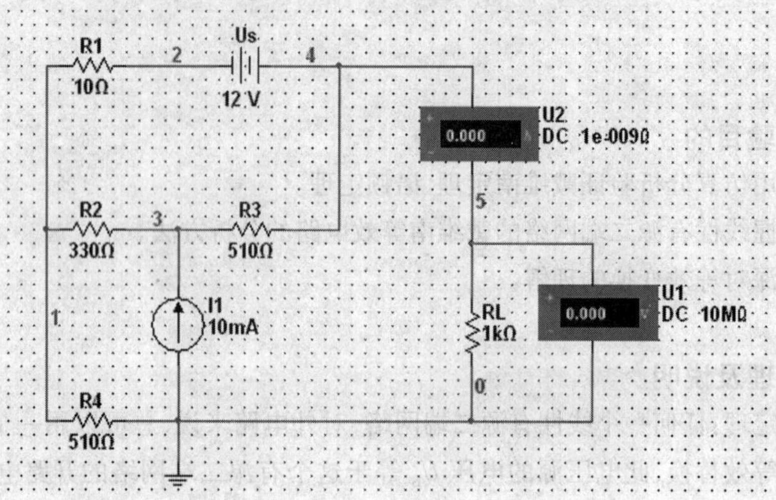

图 2-22 二端网络测试电路

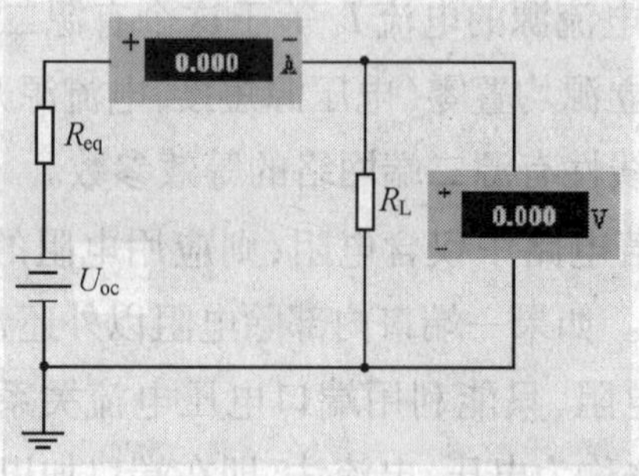

图 2-23 戴维南等效电路

(2) 按下仿真软件“启动/停止”开关,启动电路。按表 2-4 所列的数值改变 R_L 的阻值,将电压表和电流表的读数记入表 2-4 中。

表 2-3 有源二端网络的伏安特性测量数据

R_L/Ω	0	100	200	300	400	500	1000	5000	∞
U									
I									

表 2-4 戴维南定理等效电路的伏安特性测量数据

R_L/Ω	0	100	200	300	400	500	1000	5000	∞
U									
I									

3. 诺顿定理的验证

(1) 根据实验内容 1 的测试数据,可求出该二端网络的戴维南等效电路中的串联电阻 R_{eq}。根据被测有源二端网络的短路电流 I_{SC} 及等效电阻 R_{eq} 值,在 Multisim10 环境下创建如图 2-24 所示的诺顿等效电路。

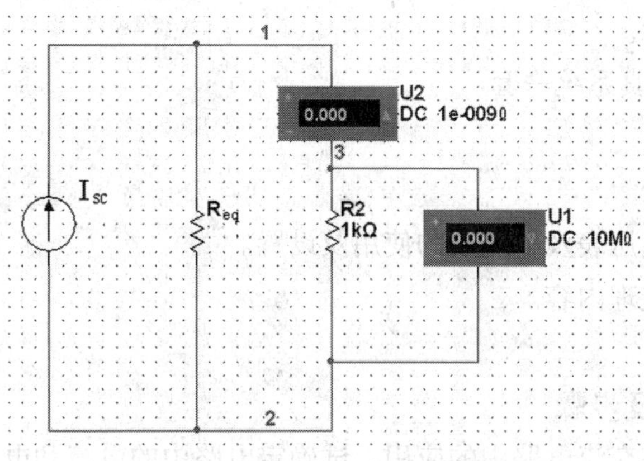

图 2-24 诺顿定理等效电路

(2) 按下仿真软件"启动/停止"开关,启动电路。按表 2-5 所列的数值改变 R_2 的阻值,将电压表和电流表的读数记入表 2-5 中。

表 2-5 诺顿定理等效电路的伏安特性测量数据

R_L/Ω	0	100	200	300	400	500	1000	5000	∞
U									
I									

四、报告要求

(1) 根据表 2-3 所列的测量数据,写出被测二端网络的等效参数:U_{OC}、I_{SC}、R_{eq}。画出被测二端网络的戴维南等效电路和诺顿等效电路。

(2) 根据实验任务 1 和 2 的测量结果,绘制被测二端网络及其等效电路的外特性曲线,验证戴维南定理的正确性。

(3) 总结求取戴维南等效电路或诺顿等效电路的特点和注意事项。

实验三 RLC 串联谐振电路的仿真研究

一、实验目的

(1) 本实验涉及仿真软件的学习及有关交流电路的谐振特性的相关知识。

(2) 组成 RLC 串联谐振电路,改变可调频电源的频率,测量电路的频率特性;改变电阻值,研究谐振曲线的变化规律;学会使用波特图仪测试电路的频率特性。

二、实验设备

(1) 计算机一台。

(2) Multisim 仿真系统一套。

三、实验要求

(1) 学习元件电压表及电流表的使用及设置。

(2) 仿真分析定理内容。

四、实验内容及步骤

(1) 欧姆定律在交流电路中的应用。试确定电路中的电流和电感两端的电压。

① 绘图(图 2-25)。接入交流电压表至 $C_1L_1R_1$ 两端,测量电压值。

U_{C_1} = ________,U_{L_1} = ________,U_{R_1} = ________,

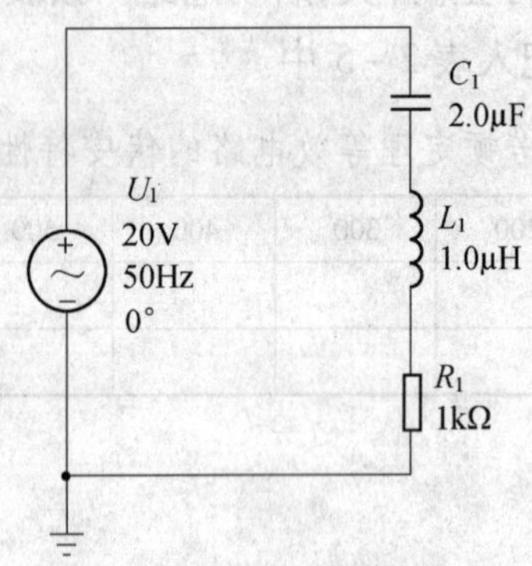

图 2-25 RLC 串联电路

电感电容上的总电压测量值为 U_X = ________,

总电压 $U=\sqrt{U_R^2+U_X^2}=\sqrt{\qquad}$ = ________。

② 接入示波器分别测量电阻和电源端的电压。

说明:示波器显示的是电阻和电源端电压波形,由于电阻两端的电压与流过的电流同相位,因此可以使用电阻两端的电压说明流过电流波形的相位关系。

示波器观察相位差 θ = ________。

验证性计算:

(2) RLC 串联电路如图 2-26 所示,该电路的谐振频率为________,当电路发生谐振时,U_L = ________,U_C = ________,U_R = ________;改变 L_1、C_1,使电路的谐振频

率为 600Hz，求此时的 L_1 = 5.1mH，C_1 = ________及谐振频率为 600Hz 时的 U_L = ________。

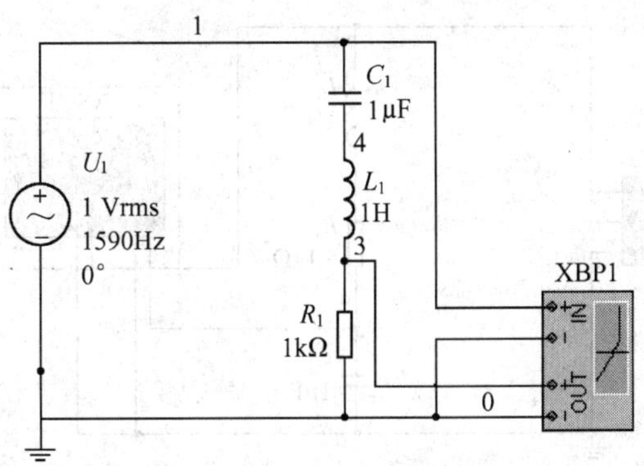

图 2－26　RLC 串联谐振仿真电路

① 波特图仪是一种测量和显示幅频和相频特性曲线的仪表。试用波特图仪器测量电路在谐振时的频率特性(图 2－27 和图 2－28)。

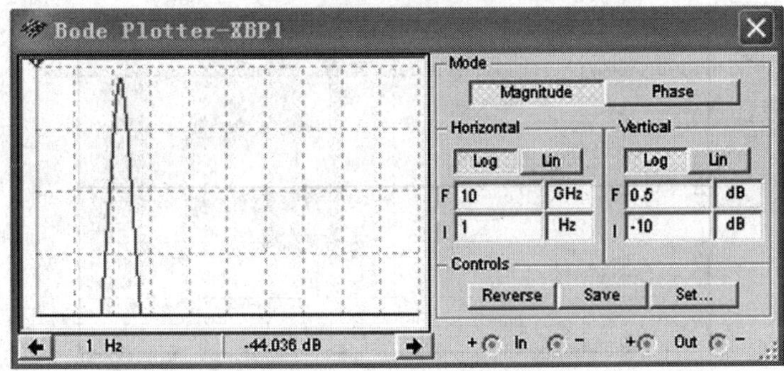

图 2－27　幅频特性曲线图

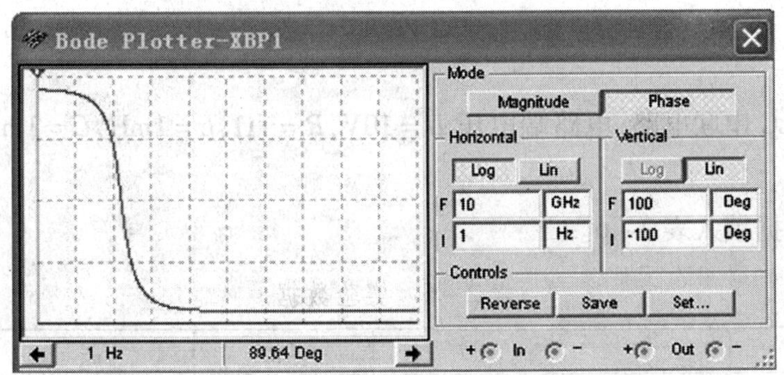

图 2－28　相频特性曲线图

② RLC 电路响应。

a. 画出电路图(图 2－29)。

b. 接入信号发生器，设置：正弦波信号；频率 50Hz；幅值 5V。

c. 接入示波器观察并画出输入信号和电容元件上的波形(图2-30),并做幅值和相位比较。

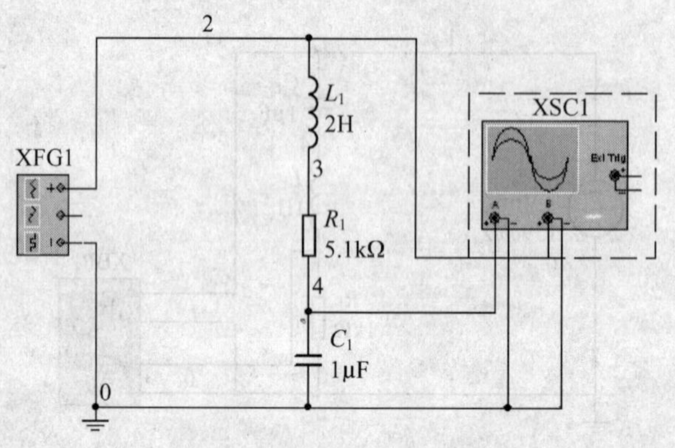

图2-29 RLC电路仿真电路图

其中示波器的参数如下:

Timebase:10ms/DIV　　ChannelA:1V/DIV　　ChannelB:1V/DIV

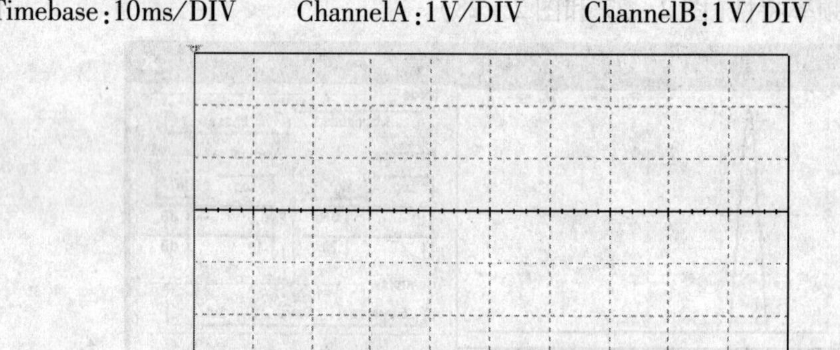

图2-30 示波器显示栏

五、练习

(1) 一RLC串联电路,电路端电压 $U=10V$, $R=1\Omega$, $L=1mH$, $C=1mF$,连接图如图2-31所示。

① 仿真数据填入表2-6。

表2-6 实验数据

F	U	I	U_R	U_L	U_C
$f=59Hz$					
$f=159Hz$					
$f=559Hz$					

② 写出实验结论。

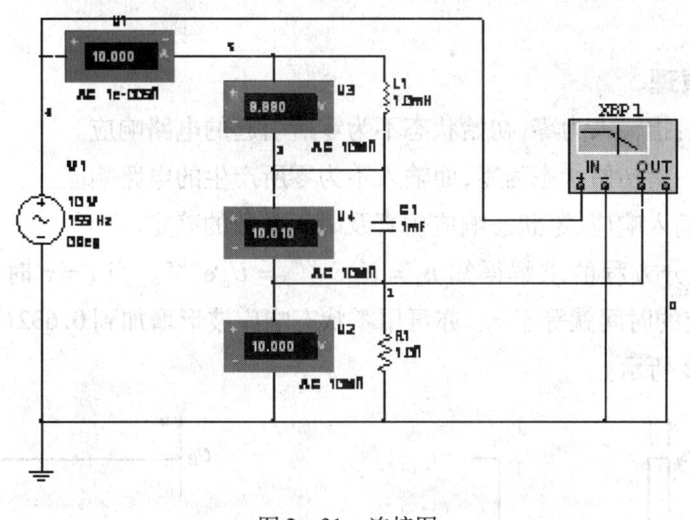

图 2 – 31　连接图

③ 画串联谐振电路的谐振曲线(包括幅频和相频特性,可用屏幕截图复制)。

(2) 令 $R_1 = 10\Omega$,画串联谐振电路的谐振曲线(包括幅频和相频特性,可用屏幕截图复制)。写出实验结论,比较两种不同电阻情况下谐振曲线的区别和联系。

六、预习思考题

(1) 什么样的电信号可作为 RC 一阶电路零输入响应、零状态响应和完全响应的激励源?

(2) 已知 RC 一阶电路 $R = 100\text{k}\Omega$, $C = 0.1\mu\text{F}$,试计算时间常数 τ,并根据 τ 值的物理意义,拟定测量 τ 的方案。

实验四　一阶动态 RC 电路暂态过程的仿真研究

一、实验目的

(1) 熟悉一阶 RC 电路的零状态响应、零输入响应和全响应。

(2) 研究一阶电路在阶跃激励和方波激励情况下,响应的基本规律和特点。

(3) 掌握积分电路和微分电路的基本概念。

(4) 研究一阶动态电路阶跃响应和冲激响应的关系。

(5) 掌握从响应曲线中求 RC 电路时间常数 τ 的方法。

二、实验设备

(1) 计算机一台。

(2) Multisim 仿真系统一套。

三、实验原理

零输入响应:指输入为零,初始状态不为零所引起的电路响应。

零状态响应:指初始状态为零,而输入不为零所产生的电路响应。

RC 电路零输入响应、零状态响应仿真及时间常数的确定。

根据一阶微分方程的求解得知 $u_c = U_m e^{-t/RC} = U_m e^{-t/\tau}$。当 $t=\tau$ 时,$U_c(\tau)=0.368U_m$。此时所对应的时间就等于 τ。亦可用零状态响应波形增加到 $0.632U_m$ 所对应的时间测得,如图 2-32 所示。

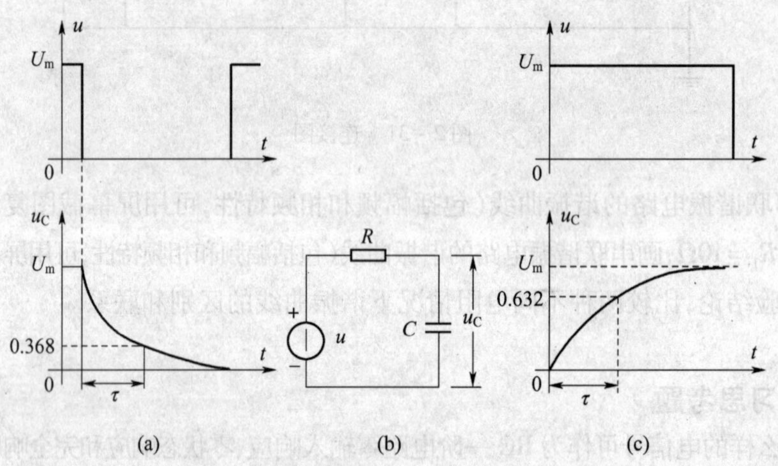

图 2-32　零输入响应和零状态响应示意图

(a) 零输入响应;(b) RC 一阶电路;(c) 零状态响应。

四、实验内容及步骤

(1) 时间常数测量:创建如图 2-33 所示的仿真实验电路。信号发生器设置为 1kHz 方波,幅值 2V。

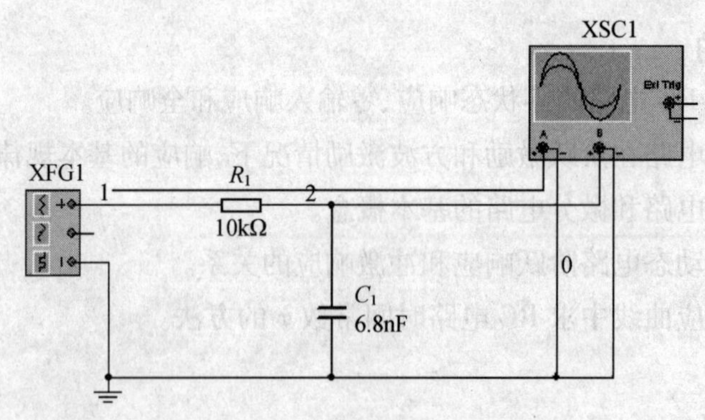

图 2-33　时间常数测量仿真电路

调节示波器参数,观察充放电波形。

测定时间常数方法：

① 打开开关，按“暂停”按钮。

② 改变时间轴，移动示波器上的游标。红色游标对准图电容电压初值，蓝色游标对准终值的 63.2%，红蓝游标的时间差值即为时间常数。

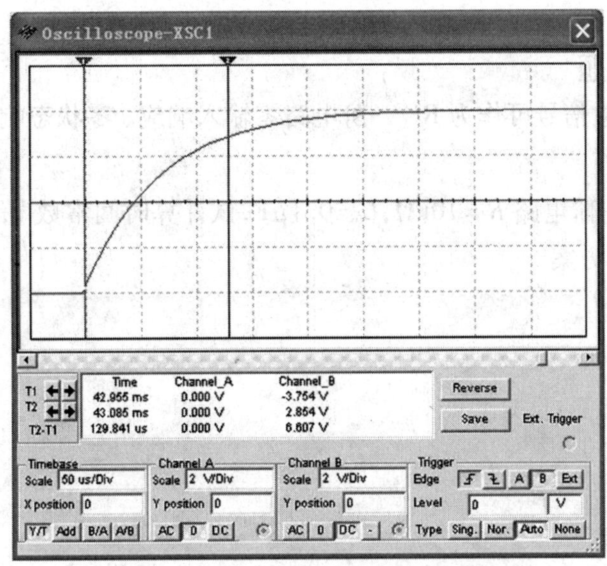

图 2－34　零状态响应及其时间常数的确定

（2）方波电路零输入响应、零状态响应仿真(图 2－34 和图 2－35)。

输入信号仍采用方波，幅值 2V，令 $R=10\mathrm{k}\Omega$，$C=0.1\mu\mathrm{F}$，观察并描绘响应的波形，继续增大电容 C，定性地观察影响。观察电路时间常数或方波周期改变时输出波形的变化。

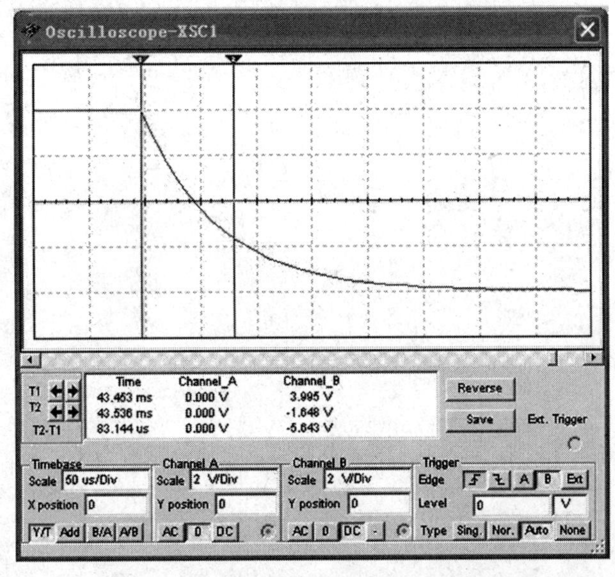

图 2－35　零输入响应及其时间常数的确定

五、报告要求

(1) 绘制仿真曲线,写出测量的时间常数值与计算的时间常数,分析误差原因。

(2) 在不同的时间常数值下波形有什么样的变化。

六、预习思考题

(1) 什么样的电信号可作为 RC 一阶电路零输入响应、零状态响应和完全响应的激励源?

(2) 已知 RC 一阶电路 $R=10\text{k}\Omega$, $C=0.1\mu\text{F}$,试计算时间常数 τ,并根据 τ 值的物理意义,拟定测量 τ 的方案。

第三部分

电 子 实 习

“电子实习”课程介绍

一、教学目的

“电子实习”是一门重要的基础实践课程，是工程训练的环节之一。通过基本操作技能训练，使学生掌握常用电子焊接工具的使用；能读懂简单的电路图，了解常用电子元器件的性能特点、命名方法及识别方法；了解电子工艺的基本知识、操作、布局与工艺；初步掌握常用电子仪器设备的基本使用方法；培养一定的动手能力，养成严谨、细致、实干的科学作风，为后续课程的学习做好准备，为工作中的工程实践打下良好基础。

二、教学内容

电子实习主要学习内容包括：

(1) 电子元器件的认识、焊接技能，电路板的制作与使用方法(必做)。

(2) 单级放大电路的焊接及测试(选做)。

(3) 收音机的焊接、组装及调试(必做)。

(4) 电话机的焊接、组装及调试(选做)。

(5) 直流稳压电源的制作及参数测试(必做)。

三、教学要求

(1) 了解常用电子元器件的性能特点、命名方法；掌握常用元器件的识别方法；掌握万用表的使用方法；学会使用万用表检测常用元器件。

(2) 了解电烙铁的结构、安全使用方法及性能，掌握正确的焊接方法，正确使用焊锡与助焊剂；掌握焊接原理、焊点形成的条件及质量要求；掌握元器件引线成型及镀锡规范，熟练掌握手工焊接工艺及操作技能；掌握导线的剥线、镀锡方法。

(3) 了解电子产品的装配的基本知识、操作、布局、工艺与测试；焊接工艺要求焊点光滑光亮、大小均匀，没有虚、假焊，线路板清洁干净，线路分布简单清晰，元器件安装紧凑、统一整齐；电路能达到题目要求的效果。

(4) 识别、读懂收音机电路原理图，学会根据线路原理图插接元件，完成收音机的焊接、组装及调试。

(5) 识别、读懂电话机电路原理图,学会根据线路原理图插接元件,完成电话机的焊接、组装及调试。

(6) 独立解决调试中遇到的问题。

(7) 独立撰写实习报告。

实训项目一　电子实习基本理论和技能

一、实验目的

(1) 了解常用元器件的性能特点、命名方法。

(2) 掌握常用电子元件的识别方法。

(3) 掌握基本测量工具的使用方法。

(4) 掌握基本的电子工艺焊接技能。

(5) 了解电子电路的识图方法。

二、电子实习基础知识

(一) 常用电子元件的识别及测试

1. 电阻

电阻的大小可以用万用表来测量,也可以通过色环来读取。现在常用的电阻为四色环电阻和五色环电阻。

四色环电阻是指用四条色环表示阻值的电阻。从左向右数,第一、二环表示两位有效数字,第三环表示有效数字后面乘以 10 的几次方,第四环表示电阻的精度,即允许阻值的误差,通常第四环为棕色、金色和银色,棕色代表误差为 ±1%,金色代表误差 ±5%,银色代表误差 ±10%。

"从左向右",是指把电阻接图中所画的方式放置——有三条色环相互之间的距离比较近,而第四环距离稍微大一点。

五色环电阻用五条色环表示阻值及误差。从左向右第一、二、三环表示三位有效数字,第四环表示有效数字后面乘以 10 的几次方,第五环表示电阻的精度。

各环的颜色代表的数字见表 3-1。

表 3-1　各环的颜色代表的数字

位置	银	金	黑	棕	红	橙	黄	绿	蓝	紫	灰	白	无
有效数字	—	—	0	1	2	3	4	5	6	7	8	9	—
乘数	10^{-2}	10^{-1}	10^0	10^1	10^2	10^3	10^4	10^5	10^6	10^7	10^{-8}	10^9	—
允许偏差/%	±10	±5	—	±1	±2	—	—	±0.5	±0.2	±0.1	—	—	20

例如:图 3-1、图 3-2 分别为四环、五环电阻的读数方法。

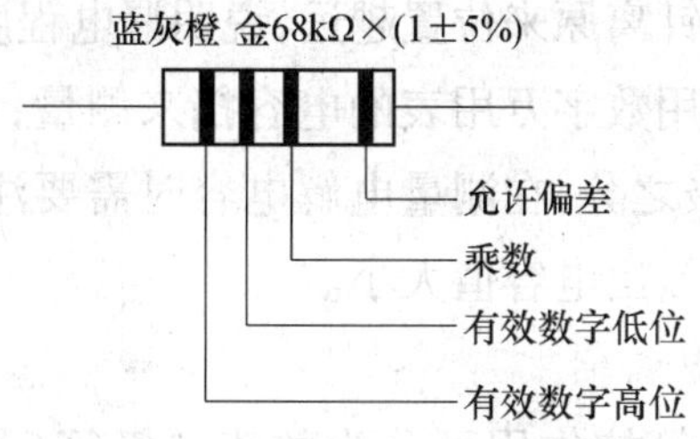

图 3-1　四环电阻示意图

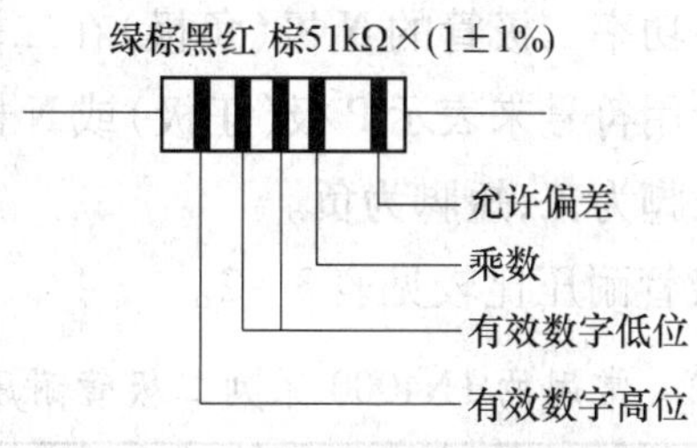

图 3-2　五环电阻示意图

电阻阻值可以通过上述读色环的方法迅速读出,如果不能清晰辨识色环值,则可以用数字万用表或指针式万用表的电阻挡测试其阻值大小。

2. 电容

电路中常用电容的种类有电解电容、瓷片电容、贴片电容、独石电容、钽电容和涤纶电容等。电容的容值单位间关系为:

$1F = 10^3 mF = 10^6 \mu F$

$1\mu F = 10^3 nF = 10^6 pF$

电解电容有正负之分,一般来讲管脚长的为正极,管脚短的为负极,其容量值较大,一般在电容上直接标明,如 10 μF/16V。

其他类型电容一般无极性,电容容量较小,其容量值在电容上用字母表示或数字表示法。

字母表示法:1m = 1000μF、1P2 = 1.2pF、1n = 1000pF。

数字表示法:一般用三位数字表示容量大小,前两位表示有效数字,第三位数字是倍率,默认单位为 pF。例如:电容标识为数字 102 则表示 $10 \times 10^2 pF = 1000pF$、224 表示 $22 \times 10^4 pF = 0.22\mu F$;若电容标称 20,则表示该电容的大小为 20pF。

电容容量误差表示符号为 F、G、J、K、L、M,允许误差分别为 ±1%、±2%、±5%、±10%、±15%、±20%。例如:一瓷片电容为 104J 表示容量为 0.1μF、误差为 ±5%。

电解电容的好坏可以用指针式万用表来测量。首先把电阻挡放在 R×1k 上,然后用红表笔接触在电解电容的负极上,黑表笔接正极,指针便立刻迅速向右摆动,接着又慢慢向回摆动。待指针不动时，又回到原来位置，这说明电解电容完好。如果不能回到原来位置，则说明电解电容漏电，指针离原来位置越远，说明漏电程度越大。

电容值的大小也可以利用数字万用表的电容挡来测量，数字万用表上很多都有电容测量插槽，插槽一般有正负极之分，在测量电解电容时需要注意极性，通过直接读取数字万用表的读数就可以直接测量出电容值大小。

3. 晶体二极管

电路里使用的晶体二极管按作用可分为整流二极管（如 1N4004）、隔离二极管（如 1N4148）、肖特基二极管（如 BAT85）、发光二极管、稳压二极管等。

二极管的识别很简单，小功率二极管的 N 极（负极）在二极管外表大多利用色圈标出来，有些二极管也用二极管专用符号来表示 P 极（正极）或 N 极（负极）。发光二极管的正负极可从引脚长短来识别，长脚为正，短脚为负。

常用的 1N4000 系列二极管耐压比较见表 3 – 2。

表 3 – 2　常用的 1N4000 系列二极管耐压比较

型 号	1N4001	1N4002	1N4003	1N4004	1N4005	1N4006	1N4007
反向工作电压/V	50	100	200	400	600	800	1000
电流/A	1	1	1	1	1	1	1

用指针式万用表 R × 100 或 R × 1k 挡。当测得电阻二极管在几百欧至一千欧左右时，为正向电阻，此时黑表笔接的应是二极管正极，红表笔接的是二极管负极（图 3 – 3）。若测得二极管两端电阻在几十千欧至几百千欧以上，为反向电阻，此时黑表笔接为二极管负极，红表笔所接为二极管正极。这是因为在指针式万用表中黑表笔连接为电源的正极，红表笔为负极。

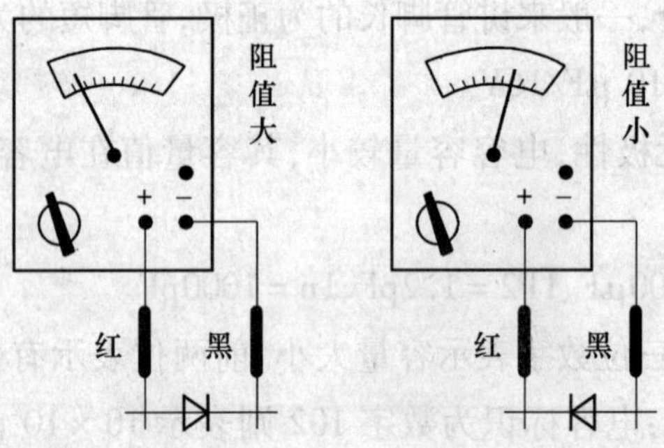

图 3 – 3　利用指针式万用表测试二极管的方法

在数字万用表中有专门测量二极管导通电压的挡位，当红表笔接正极黑表笔接负极时，就可以在屏幕上读出该二极管的正向导通压降，反过来则显示为超量程状态，说明二极管完好。

4. 晶体三极管

电路中常用的 PNP 型三极管有 A92、9015 等型号；NPN 型三极管有 A42、9014、9018、9013、9012 等型号。其判别方法如下：

1）根据管脚排列和色点判别

（1）对于等腰直角三角形排列，直角顶点是基极，靠近管帽边沿的电极为发射极，另外一个电极是集电极。

（2）有些管子的管脚排列成直线，但距离不相等，孤立的电极为集电极，中间的为基极，另一个为发射极。

（3）对半圆形塑封晶体三极管，让球面向上，管脚朝自己，则从左到右依次是集电极，基极和发射极。

2）利用万用表判别

（1）基极判别。将万用表置于 R×1k 挡，用两表笔去搭接三极管的任意两管脚，如果阻值很大（几百千欧以上），将表笔对调再测一次，如果阻值也很大，则剩下的那只管脚引线必是基极 B。

（2）类型判别。三极管基极确定后，可用万用表黑表笔（即表内电池正极）接基极，红表笔（即表内电池负极）去接另外两管脚引线中的任意一个，如果测得的电阻很大（几百千欧以上），则该管是 PNP 型管；如果测得的电阻值很小（几千欧以下），则该管是 NPN 型管。硅管、锗管的判别：硅管 PN 结正向电阻约为几千欧，锗管 PN 结正向电阻约为几百欧。

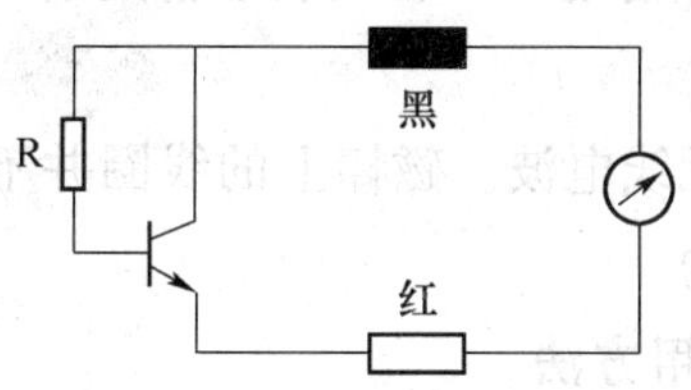

图 3-4　利用指针式万用表判断三极管集电极的方法

（3）集电极的判别。测 NPN 型三极管的集电极，先在除基极以外的两个电极中任设一个为集电极，并将万用表的黑表笔搭接在假设的发射极上，用一个电阻 R 接基极和假设的集电极（图 3-4），如果万用表指针有较大的偏转，则以上假设正确；如果万用表指针偏转很小，则假设不正确。为准确起见，一般将基极以外的两个电极先后假设为集电极，进行两次测量，万用表指针偏转较大的那次测量，与黑表笔相连的是三极管的集电极。

5. 带开关电位器

带开关电位器主要用来控制音量的大小，并且附有一个开关，可以控制电源通断（图 3-5）。用如下方法可以进行检测。

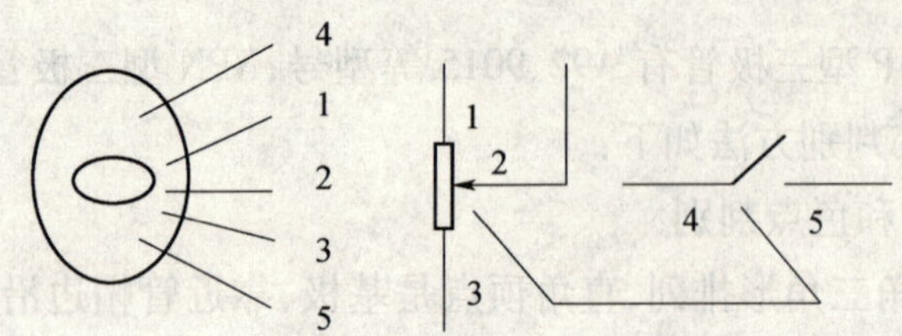

图 3－5　带开关电位器引脚示意图及电路符号

(1) 开关测试:用万用表低阻挡测 4、5 两焊片,旋转电位器,使其不断地接通或断开,接通时电阻接近零,断开时阻值无限大。

(2) 电位器阻值测量:万用表测 1、3 两端电阻值,应为电位器标称阻值。

(3) 电位器中心抽头与电阻片是否接触良好:用万用表测 1、2(或 2、3)两端电阻,并将轴柄逆时针旋转到底位置,阻值为零。再顺时针方向旋转轴柄,阻值逐渐增大,旋到极端位置 3 时,阻值应接近电位器的标称值。

旋转过程中,应没有机械杂波,同时阻值应平稳变化。否则,说明触电接触不良,如将这种电位器用来调节音量,将出现杂音。

6. 喇叭(扬声器)的测试

判断扬声器的好坏,首先从外形上观察其纸盆有无破裂,用手均匀轻轻压纸时,应无响音并能灵活地振动。用万用表 R×1 挡接触音圈接线柱,这时测量的阻值应比标称阻值稍小一些,同时扬声器发出"咯咯"声,否则表示音圈断线了。

7. 磁棒

磁棒能大量聚集空间的无线电波。磁棒上的线圈并不是一般的单股塑料电线,而是选用 7 股以上的胶合线缠成的。

(二) 基本测量工具的使用方法

1. 万用表的使用

万用表分为电阻挡、电压挡、电流挡等挡位。测量时一定要拨准挡位,否则会造成万用表的永久损坏,尤其是电流挡最易损坏万用表。测量晶体管的 PN 结时,应注意红表笔在表内部接的是电池的负极,黑表笔接的是正极。

2. 示波器的使用方法

首先熟悉幅值旋钮、周期旋钮、同步触发旋钮。掌握了这三个旋钮,基本上就可以看到被测量的波形了。其他的按钮功能都一目了然。首先校准示波器,将探头勾到校准位置,调节幅值旋钮。校准 Y 坐标为每格 0.5V;调节周期旋钮,校准 X 坐标为每格 1ms(即 1kHz)。这个过程中应用同步触发旋钮使波形稳定下来。反复调整,校准即可。在利用标准信号源,看一下 20kHz,多用几次,就能够灵活使用示波器了。

（三）印制电路板的制作

印制电路板的一般制作方法分类：目前，印制电路板制作主要有两种工艺：化学蚀刻工艺和物理雕刻工艺，除此之外在制作一些较为简单电路的时候也可以采用手工雕刻的方法实现。

（1）化学蚀刻工艺。首先用难以腐蚀的材料覆盖在需要保留的线路表面，然后将整张电路板放入化学溶液中对其中的铜箔进行腐蚀，经过一段时间把不要的铜箔腐蚀掉，经过清洗、烘干、钻孔等工序就可以制成一块印制电路板。这里所用到的保护层大致分为三种：油性丝网印刷、感光印刷和贴保护纸。其中，油性丝网印刷生产工艺较低，是大规模生产线常用的一种制版方法，一般不适合实验室使用；感光印刷操作技术要求较高，显影时间、曝光强度都较难控制，所以这种方法也不适合实验室使用；贴保护纸的方法要求操作熟练，否则容易制作失败且影响美观。

（2）物理雕刻工艺。实际上是利用计算机控制一个机器，比如一个小型的铣床，利用机械切割的原理，把覆铜板上多余的部分"切掉"，然后再用钻孔设备把印制电路板制作出来。这种方法一次性投资较大，不适合大量生产。

对于电子实习或一般的电子制作来说，很多实验室都采用的是热转印化学腐蚀的方法，这种方法成本较低，易于实现。具体做法如下：

（1）打印 PCB。将利用软件绘制好的 PCB（利用 Protel99 绘制 PCB 的基本流程可参看附录 4）用转印纸打印出来，注意光滑的一面面向自己，一般打印两张 PCB，即一张纸上打印两张 PCB。在其中选择打印效果最好的制作电路板。

（2）裁剪覆铜板。覆铜板，也就是两面都覆有铜膜的电路板，将覆铜板裁成 PCB 的大小，不要过大，以节约材料。

（3）预处理覆铜板。用细砂纸把覆铜板表面的氧化层打磨掉，以保证在转印 PCB 时，热转印纸上的碳粉能牢固地印在覆铜板上，打磨好的标准是板面光亮，没有明显污渍。

（4）转印 PCB。将打印好的 PCB 裁剪成合适大小，把印有 PCB 的一面贴在覆铜板上，对齐好后把覆铜板放入热转印机，放入时一定要保证转印纸没有错位。一般来说经过 2 次 ~ 3 次转印，PCB 就能很牢固地转印在覆铜板上。热转印机事先就已经预热，温度设定为 160℃ ~ 200℃。由于温度很高，操作时要注意安全！

（5）腐蚀电路板。先检查一下 PCB 是否转印完整，若有少数没有转印好的地方可以用黑色油性笔修补。然后就可以腐蚀了，等电路板上暴露的铜膜完全被腐蚀掉时，将电路板从腐蚀液中取出清洗干净，这样一块电路板就腐蚀好了。腐蚀液的成分为浓盐酸、浓双氧水、水，比例为 1∶2∶3，在配制腐蚀液时，先放水，再加浓盐酸、浓双氧水，若操作时浓盐酸、浓双氧水或腐蚀液不小心溅到皮肤或衣物上要及时用清水清洗，由于要使用强腐蚀性溶液，操作时一定注意安全！

（6）电路板钻孔。电路板上是要插入电子元件的，所以就要对电路板钻孔了。依据电子元件管脚的粗细选择不同的钻针，在使用钻机钻孔时，电路板一定要按稳，钻机速度不能开得过慢。操作钻机还是比较简单的，只要细心就能完成得很好。

(7) 电路板预处理。钻孔完后，用细砂纸把覆在电路板上的墨粉打磨掉，用清水把电路板清洗干净。水干后，用松香水涂在有线路的一面，只需薄薄的一层，不光防止线路被氧化，同时松香也是很好的助焊剂。

(四) 焊接工艺

焊接技术是初学者必须掌握的一门基本功。焊接技术直接影响实习工作质量的好坏。为了使初学者能更快的掌握焊接技术，现将有关的注意事项介绍如下。

1. 电烙铁的选择

工厂生产的电烙铁规格很多，有内热式和外热式之分。内热式一般有25W和30W两种；外热式有25W、45W、75W和100W等规格。选择哪种规格的电烙铁，这要根据焊接的对象来决定。对于装制半导体收音机，应选购内热式25W或30W的电烙铁，因为它具有耗电省、体积小、重量轻和发热快等优点。如果电烙铁的功率选择不适当，例如选用的电烙铁功率过大，会烫坏元件；如选用的电烙铁功率过小，往往出现焊不住的现象，即使表面上好像焊上了，但很不牢固，易出现假焊或虚焊现象。

2. 助焊剂的选用

常用的是松香，它的最大优点是没有腐蚀作用，而且绝缘性也比较好，可以将松香溶于95%的酒精制成松香酒精溶液，在焊接前刷在电路焊盘上，它是焊接半导体收音机等小型电路的最理想的助焊剂。

3. 电烙铁的使用

焊接前一定要注意，烙铁的插头必须插在右手的插座上，不能插在靠左手的插座上(如果是左撇子插在左手)。烙铁通电前应将烙铁的电线拉直并检查电线的绝缘层是否有损坏，不能将电线缠在手上。通电后应将电烙铁插在烙铁架上，并检查烙铁头是否会碰到电线、书包等物品。烙铁加热过程中及刚刚拔下插头时，都不能用手触碰电烙铁的发热金属部分，以免发生烫伤。烙铁架上的海绵要先沾水。

(1) 烙铁头的防护。为了便于使用，烙铁在每次使用后都要进行维护，将烙铁头的黑色氧化层刮掉，露出本色，在加热烙铁的过程中要注意观察烙铁头表面的颜色，随着颜色的加深，烙铁的温度逐渐升高，这是要及时把焊锡点到烙铁头上，可以在一定程度上防止烙铁头出现快速氧化，延长电烙铁的寿命。

(2) 烙铁头上多余焊锡的处理。在焊接的过程中，有时候烙铁头上会出现较多的焊锡，这时焊接效果较差，可在海绵上抹去多余的焊锡，或者轻轻抖掉，不可以在可燃物上抹去，否则容易引发火灾。

练习时注意不断总结规律，焊多大的焊盘需要送多少焊锡应该做到胸中有数，不可以在一个焊盘加热时间过长，否则可能会导致焊盘剥落。

（3）焊接的姿势。烙铁的握法一般有两种：第一种是常见的“握笔式”（图3－6），这种握法使用的电烙铁头一般是直性的；第二种握法是“握拳式”（图3－7），这种握法用于大型的扩音机等。因为待焊接物是直立在工作台上，在焊接者对面，再加上使用的烙铁功率较大，烙铁较重，焊点大，需要加温的时间长，所以采用“握拳式”，这种握法使用的电烙铁头一般是以弯型为好。

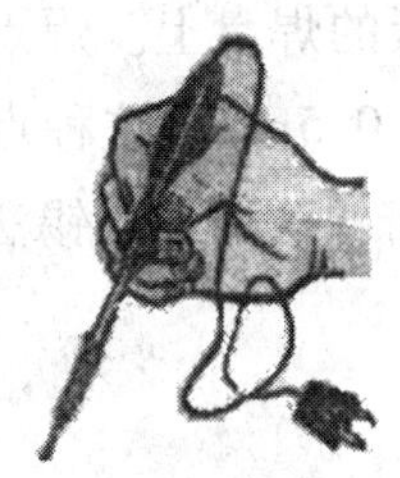

图3－6　电烙铁“握笔式”握法

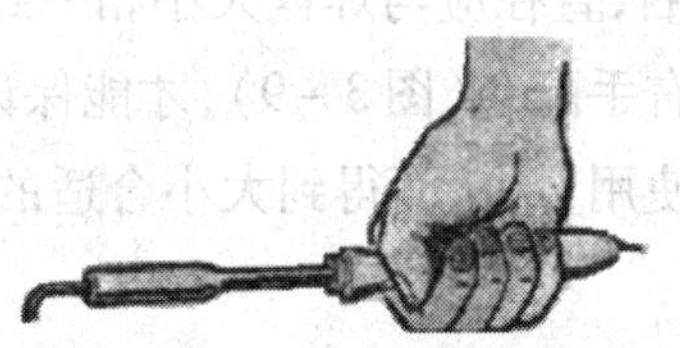

图3－7　电烙铁“握拳式”握法

4. 焊接方法

常用的焊接方法有两种。

1）带锡焊接法

在焊接前，将准备好的元件插入印制电路板规定的位置，经检查无误后，在引线和印制电路铜箔的连接点上再涂上少量的焊剂，焊接时，待电烙铁加热后，用烙铁头的刃口带上适量的焊锡，带焊锡的多少，要根据焊点的大小而定。焊接时要注意烙铁头的刃口与印制电路板的角度，（图3－8）。如果与焊接印刷电路板的角度 θ 小，则焊点就小；如角度 θ 大，则焊点就大。焊接时，要将烙铁头的刃口确实接触印制电路板上的铜箔焊点与元件引线，接触时间约3s，然后再将电烙铁离去。这样就可以焊出既美观又牢固的焊点。但是有些初学者怕自己焊接的不牢固，往往焊接的时间过长，这样做会使焊接的元件因过热而损坏。也有些初学者怕把元件烫坏，在焊接时烙铁就像“蜻蜓点水”一样，轻轻点几下就离开焊接位置，这样焊点虽然也留有焊锡，但是这样的焊接是不牢固的，容易造成虚焊和假焊，会给制作带来严重的隐患。因此焊接的时间不能过长也不能过短。

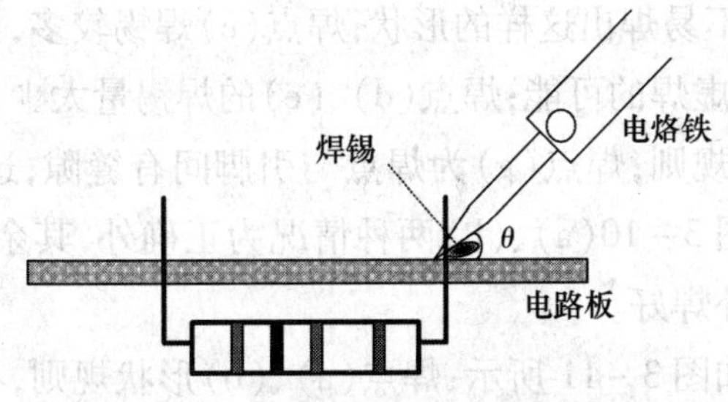

图3－8　带锡焊接法

2）点锡焊接法

把准备好的元件插入印制电路板的焊接位置，调整好元件的高度，先将电烙铁在线路板上加热，大约2s后，向烙铁头尖端和焊盘的夹缝处送入焊锡，观察焊锡量的多少，不能太多，太多容易造成堆焊，也不能太少，太少会造成虚焊。当焊锡充分融化，发出光泽时焊接温度最佳，应立即将焊锡丝移开，再将电烙铁移开。为了在加热中使加热面积最大，要将烙铁头的斜面靠在元件引脚上，烙铁头的顶端顶在线路板的焊盘上。焊点高度一般在2mm左右，直径应与焊盘大小相一致，引脚应高出焊点大约0.5mm。这种点锡焊接方法必须左右手配合（图3-9），才能保证焊接的质量。相对于带锡法而言点锡法更容易控制焊锡的使用量，从而得到大小合适的焊点。

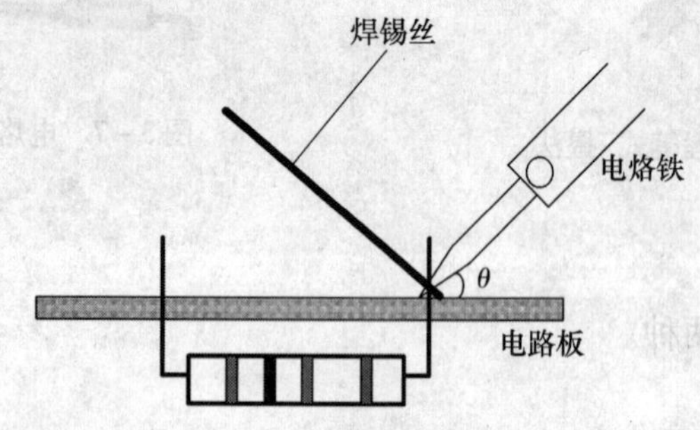

图3-9　点锡焊接法

5. 焊接质量

焊点合格的标准：

（1）焊点有足够的机械强度。为保证被焊件在受振动或冲击时不至脱落、松动，要求焊点有足够的机械强度。

（2）焊接可靠，保证导电性能。焊点应具有良好的导电性能，必须焊接可靠，防止虚焊现象的出现。

焊点的外观应光滑、圆润、清洁、均匀、对称、整齐美观并充满整个焊盘，且与焊盘大小比例合适。

（3）焊点的正确形状。焊点的形状如图3-10所示：焊点（a）一般焊接比较坚固；焊点（b）为理想状态，一般不易焊出这样的形状；焊点（c）焊锡较多，当焊盘较小时容易出现此类问题，往往容易出现虚焊的可能；焊点（d）、（e）的焊锡量太少；焊点（f）为烙铁移除时方向不正确，造成焊点不规则；焊点（g）为焊点与引脚间有缝隙，这属于虚焊；焊点（h）的元件引脚放置歪斜。除图3-10（a）、（b）两种情况为正确外，其余的都存在一定问题，出现这样的焊点应将焊点补焊好。

焊点形状的俯视图如图3-11所示：焊点（a）、（b）形状规则，有光泽，焊接正确；焊点（c）、（d）的焊点边缘“毛草”，可能是焊锡量不够或者焊接方法不对造成的；焊点（e）、（f）焊锡较多，将两个焊点连到了一起，造成短路，在焊接的过程中应注意不同的焊点在线路中是否是不同电位点，如果是不同电位点，则绝对不能连接到一起。

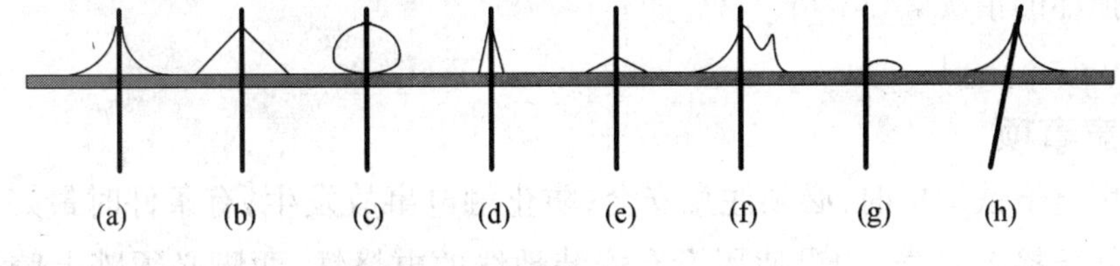

图 3-10　焊点剖面示意图

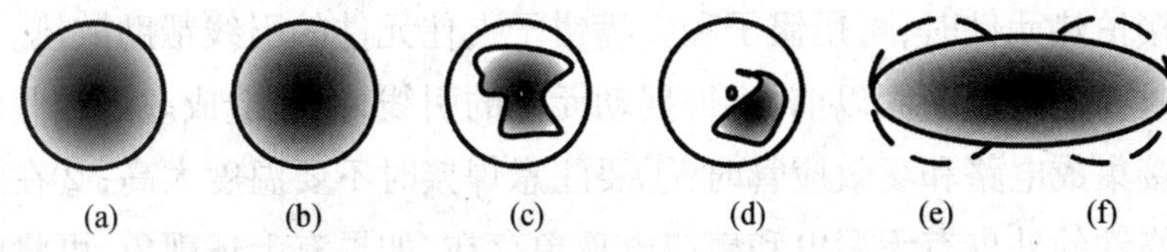

图 3-11　焊点俯视图

6. 元件的安放与焊接

在电路板上进行焊接的步骤如下：对照图纸或电路板标识的器件符号安放器件；用万用表校验，检查每个元器件插放是否正确、整齐；检查二极管、电解电容、芯片的引脚有没有接反；观察电阻色环排列方向是否一致；焊接元器件焊盘，注意焊接技巧；焊接的器件高度应排列整齐、高度一致。

为保证焊接整齐美观，焊接时应将线路板架在焊接木架上焊接，两边架空的高度应尽量一致，元件插好后要调整位置使之与桌面接触，保证每个元件焊接高度一致（图3-12）。焊接时电阻不能太高，也不能完全贴住电路板，一般保留 1mm~2mm 的距离，以免影响器件散热。引脚的弯折处离元件本体应有 1mm~2mm 的距离，引脚间的距离根据线路板孔距而定。焊点高度一般 2mm 左右，大小应与焊盘大小一致，引脚应高出焊点大约 0.5mm，较长的引脚在焊接完成后应用斜口钳剪掉，以免在电路调试的过程中出现短路等问题。

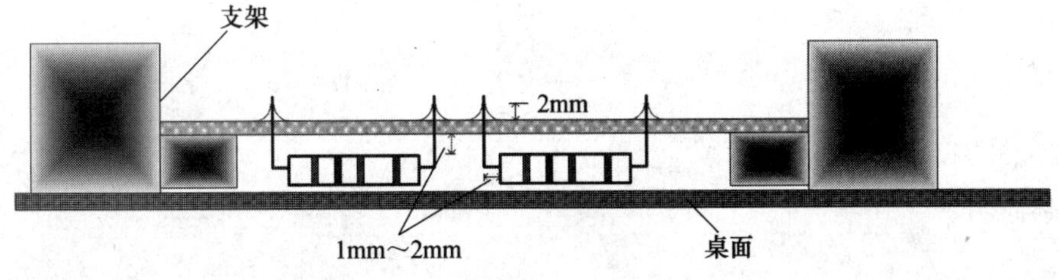

图 3-12　元件安放及焊接示意图

7. 错焊元件的处理

当元件焊错时，要将错焊的元件拔除。先检查错焊的元件应该焊在什么位置，将线路板绿色的焊接面朝下，用烙铁将元件的焊锡轻轻刮除，然后将元件用镊子夹住，同时用烙铁融化器件所有引脚的焊锡，使用镊子等工具将元件轻轻拉出。注意不能使用手直接拉元件,防止烫伤;不能用力过猛,否则有可能将焊盘拉掉;加热时间也不宜过长,否则容易出现电路板损坏的情况。

三、注意事项

(1)使用电烙铁焊接时,必须注意安全,防止触电事故发生,有条件时最好将电烙铁的前端金属外壳接上地线,如果使用没有安装地线的电烙铁,两脚必须踏上胶皮或木板上,防止因电烙铁漏电发生事故。

(2)在焊接怕热元件时,可用镊子和尖嘴钳子夹住元件的引线帮助散热。

(3)焊接时在焊锡未凝固以前,不得摇动元件的引线,以免造成虚焊或假焊。

(4)在焊接集成电路和场效应管时:①要注意焊接时不要温度太高;②在焊接前要用试电笔检查电烙铁的外皮有无漏电和感应电现象存在,如果有上述现象,可将电烙铁的电源引线插头调换一下位置,再检查一下。如果还存在感应电现象,只好在焊接这些元件时,将电烙铁的电源断开后,利用余热进行焊接。焊接后再继续通电加热,待电烙铁加热到能熔锡后,仍用上述方法进行焊接,这样能防止元件损坏。

实训项目二　单级放大电路的焊接及调试

一、实验目的

(1) 练习各种元器件的识别方法。

(2) 熟悉常用电子仪器使用方法。

(3) 掌握焊接方法。

二、实验原理

通过焊接一个较为基本的单级放大电路,练习电路的焊接、调试过程。元器件的辨识方法详见基本理论及技能中相关内容。

三、实验设备与材料

电烙铁、焊锡、要求的各种不同电子元件、示波器、万用表等。

四、实验步骤与内容

(1) 将实验所用的电阻、电容、二极管和其他常用元件识别出并进行检测。

(2) 熟悉内热式电烙铁的结构及使用方法。

(3) 在万用板上进行元器件焊接技能训练和元器件拆焊技能训练。

(4) 实践练习:在万用板上焊接如图 3-13 所示的单级阻容耦合放大电路。

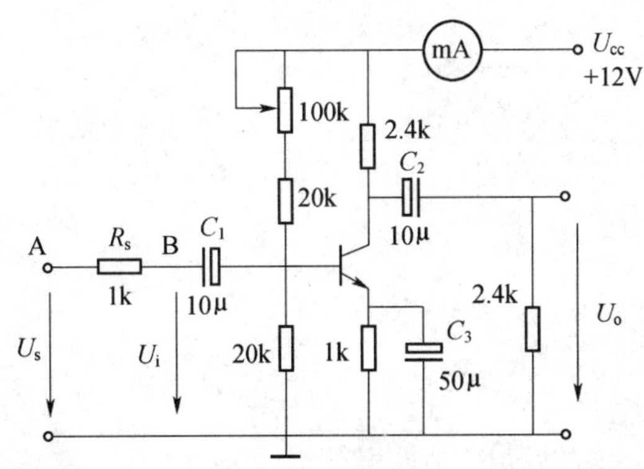

图 3-13　单级阻容耦合放大器

（5）由输入端加入1kHz、幅度5mV的正弦信号，练习用示波器观察、读出输出信号的幅值、频率，并计算出有效值和单管放大器放大倍数。

（6）将测量后的单管放大电路拆焊，并将拆焊后的万用板和元器件上的焊锡清理干净。

五、注意事项

（1）放上垫板；烙铁放在支架上，应轻拿轻放，不要靠近电源线。

（2）保持烙铁头的清洁，可在蘸水的海绵上除去氧化层，镀上焊锡。

（3）电烙铁不易长时间通电而不使用。

（4）掌握好焊接温度与加热时间，焊锡量要合适。

（5）在焊锡凝固之前不要使焊件移动或振动。

六、报告要求

（1）实验目的。

（2）列出实验设备及所用元器件。

（3）简述各种元器件识别及检测方法。

（4）画出实验电路图，并写出测量结果。

（5）写出在焊接、调试单级阻容耦合放大器时所遇到的问题及解决方法，并总结实验收获、体会。

实训项目三　调频收音机的安装与调试

一、实验目的

(1) 了解收音机电路的工作原理。

(2) 熟悉电路中主要电器元件的作用及结构。

(3) 了解电子电路的识图方法。

(4) 掌握电子电路焊接工艺中的基本技能。

(5) 了解电子产品的生产工艺流程,掌握电子电路安装、调试技术。

二、调频收音机原理

(一) 调频收音机基本原理

图 3-14 为一般调频收音机基本原理方框图。它由输入电路、高频放大器、混频器、中频放大器、限幅器、鉴频器、音频放大器、功率放大器及频率锁定环电路等组成。

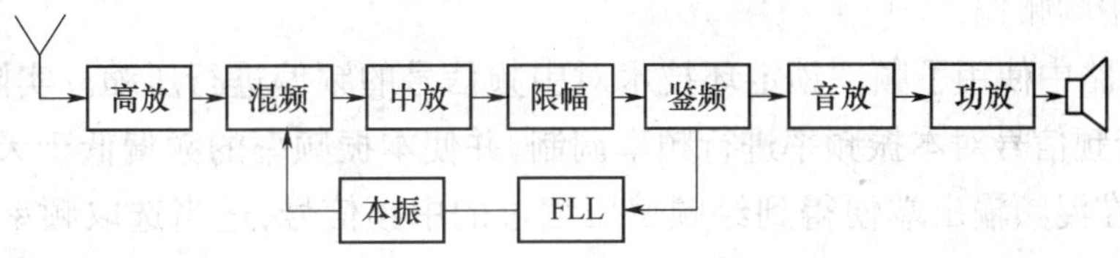

图 3-14　调频收音机基本原理方框图

输入回路从天线上感应到的各式各样的信号中选出所需要的有用信号,经高频放大加到混频级与本机振荡频率进行混频,从而变换成固定中频 10.8MHz。经中频放大、限幅、鉴频之后,取出音频信号,再经过音放、功放,去推动扬声器发声。

高频放大器的作用是将天线上收到的微弱信号先进行放大,再加到混频级,改善整机的信号噪声比,提高灵敏度和选择性。

混频器把从高放送来的信号与由本机振荡器产生的信号进行混频,由负载选频回路上取出所需的中频信号,从而完成频率变换的作用,并提供适当的放大量。

中频放大器作为混频器的负载,对混频后的信号进行选频和放大,使信号达到足够的电平,然后再进入限幅和鉴频。这样不仅提高鉴频的效率,而且减少了鉴频的失真。

限幅器的作用是把调频波上的幅度干扰和噪声切除干净,变成一个等幅的调频波,然后送到鉴频器。

鉴频器只对输入的中频信号中的频率变化产生响应，于是频率的变化就被恢复成了音频电压的变化。

音频放大器把音频电压信号增大到适当的电平，去激励功率放大器，而功率放大器又用足够的功率去推动扬声器。

在调频收音机里，由于本机振荡频率很高，频率的稳定性就成了一个重要问题。为了防止由电源电压或温度变化而引起的振荡频率漂移，使本来已调准了的信号产生失谐，电路中还设有自动频率锁定环电路(FLL)、静噪电路、场强指示等附加电路。

(二) 调频单片集成收音机原理

1. 单片集成 D7021 电路的特点

D7021 内包含高放、混频、本振、二级有源中频滤波器、中频限幅放大器、鉴频器、低频器、低频放大器、静噪电路以及相关静噪系统等，它具有单声道 FM 收音机的全部功能。工作电源电压范围为 1.8V ~6V，推荐值为 3V。

1) 不用中频变压器

D7021 电路在设计时把中频变压器和鉴频谐振线圈都省去了，并且把中频滤波器做到集成电路内部，使外围电路大大简化。但是，要把中频滤波器做在集成电路内部，只能使用由电阻器、电容器和运算放大器组成的 RC 有源滤波器。然而 RC 有源滤波器的频率一般都远低于 10.8MHz。因此，必须降低中频频率。为了保证有较好的信噪比、调幅抑制比以及考虑到能有效地抑制镜像干扰(让镜像干扰频率落在相邻两调频台的中间)，D7021 的中频取 76kHz。

2) 压缩中频频偏

D7021 电路中使用了频率锁定环技术对中频信号的频偏进行压缩。实际上，是将鉴频器输出的音频信号对本振频率进行频率调制，并使本振频率的频偏低于天线输入信号的频偏，这样在混频输出端便得到经频偏压缩过的中频信号，适当选取频率锁定环的参数，将天线输入信号的频偏压缩 5 倍，使中频信号的最大频偏为 15kHz。于是中频信号的带宽为 2 × (15 + 15) = 60kHz，满足了 76kHz 中频频率的要求。

3) 省去输入调谐回路

D7021 采用输入端宽带输入的方式，使调频收音机在安装时不需要三点调试了，大大简化了调试步骤。另一方面，也避免了收音机的灵敏度受调试优劣的影响。镜像干扰抑制是由集成电路内部的频率锁定环和相关静噪电路的共同作用来实现的。

4) 静噪电路

D7021 的静噪电路是根据经移相 180°和未移相的两个中频信号的波形相关程度来抑制的。当调谐准确时，两个中频信号的波形相位差正好是 180°，经信息处理输出高电平；当调谐偏调时，或者调谐在没有天线输入信号的位置时，两个中频信号的波形相位差会偏离 180°。当偏离到一定程度时，经信息处理输出低电平，静噪开关动作，无音频信号输出。

2. D7021 内部介绍及组成调频收音机原理

D7021 为扁平封装，其外形引脚排列如图 3 - 15 所示，各引脚功能见表 3 - 3。

图 3-15　D7021 引脚图

表 3-3　D7021 引脚功能表

引脚序号	功能	引脚序号	功能
1	鉴频输出	9	场强指示
2	静噪	10	中频补偿
3	地	11	中频补偿
4	电源	12	高频输入
5	本振	13	高频输入
6	限幅放大器滤波	14	音频输出
7	中频滤波	15	音频滤波
8	中频滤波	16	反馈

D7021 组成调频收音机电路原理图如图 3-16 所示。

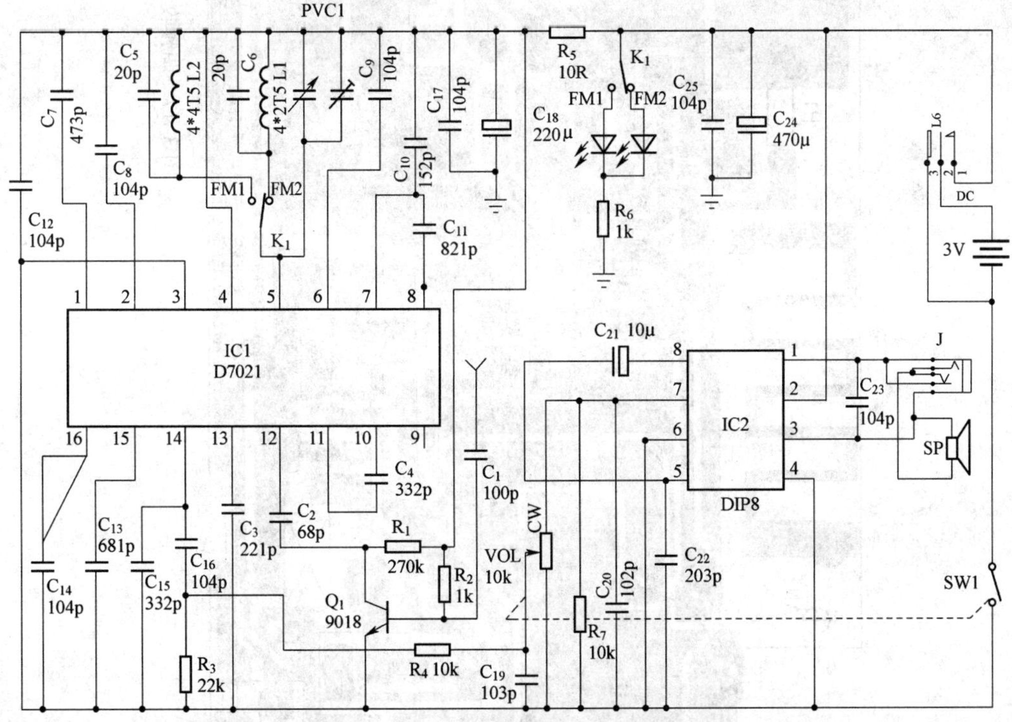

图 3-16　调频收音机原理图

D7021 组成调频收音机印制电路板图如图 3-17 所示。

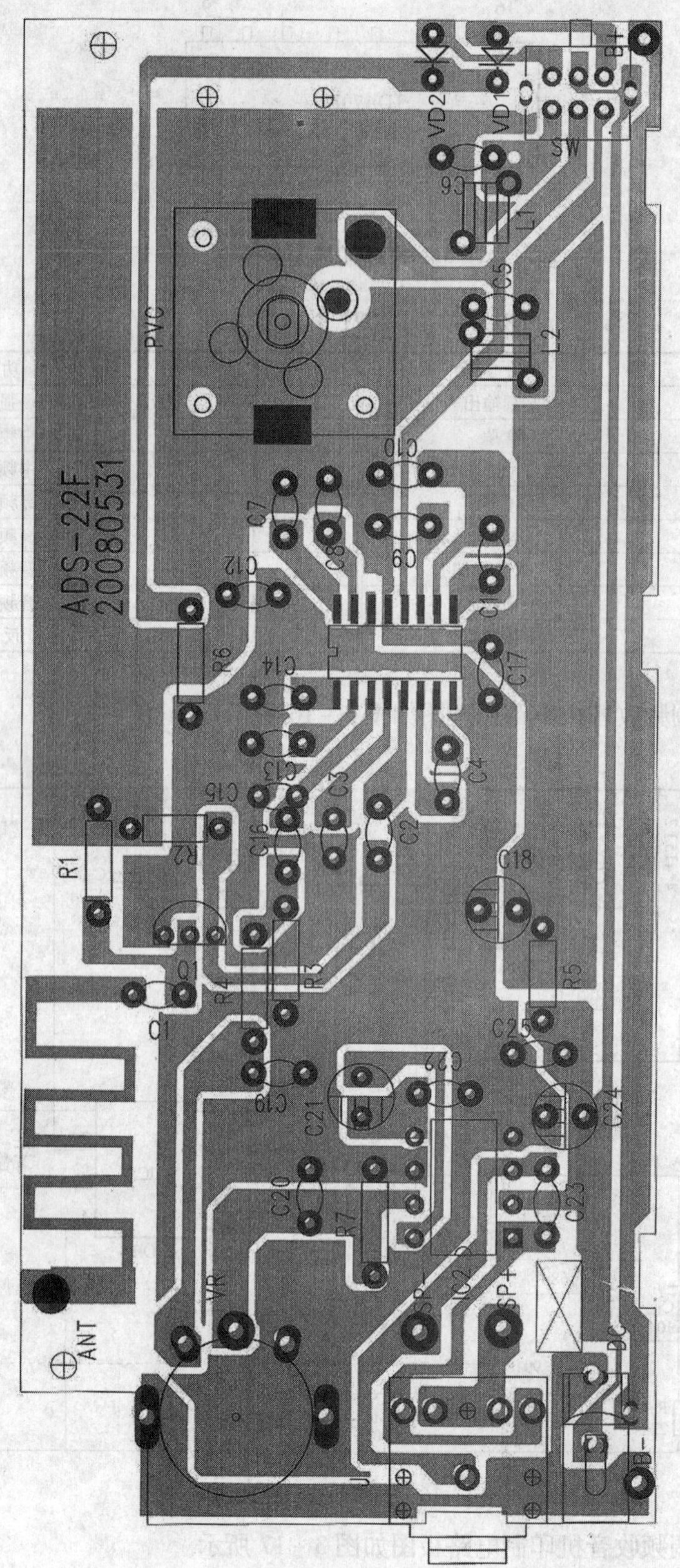

图 3-17 调频收音机印制电路板

D7021 组成调频收音机电路元件清单见表 3－4。

表 3－4 器件清单

	符号	名称规格		符号	名称规格
1	R_1	电阻 RTX－1/16W－270k×(1±5%)	28	C_{21}	超小电解 10μF/16V (4×7)
2	R_2	电阻 RTX－1/16W－1k×(1±5%)	29	C_{22}	瓷介电容 203p
3	R_3	电阻 RTX－1/16W－22k×(1±5%)	30	C_{23}、C_{25}	瓷介电容 104p
4	R_4	电阻 RTX－1/16W－10k×(1±5%)	31	C_{24}	超小电解 470μF/10V (6×8)
5	R_5	电阻 RTX－1/16W－10R×(1±5%)	32	SP＋. SP－	导线 φ1.0×65mm2 个
6	R_6	电阻 RTX－1/16W－1k×(1±5%)	33	ANT	导线 φ1.2×50mm
7	R_7	电阻 RTX－1/16W－10k×(1±5%)	34	扬声器	φ50 内磁 4Ω 1W
8	C_1	瓷介电容 101p	35	拉杆天线	783#6 节 360°1 个
9	C_2	瓷介电容 68p	36	固定主板	螺丝 1.7×5KB 4 个
10	C_3	瓷介电容 221p	37	拉杆天线	螺丝 2.50×3.5PBM 1 个
11	C_4	瓷介电容 332p	38	PVC. VOL	螺丝 1.7×4BM 2 个
12	C_5	瓷介电容 20p	39	底壳	螺丝 2×8PA 2 个
13	C_6	瓷介电容 20p	40	天线焊片	φ2.7
14	C_7	瓷介电容 473p	41	电池极片	(2902)正、负 1 套
15	C_8	瓷介电容 104p	42	塑胶元件	调谐轮,调戏齿轮,固定支架,音量调节轮
16	C_9	瓷介电容 104p	43	线路板	ADS－22F
17	C_{10}	瓷介电容 152p	44	VR	电位器 B10K 直插带开关
18	C_{11}	瓷介电容 821p	45	L_1	空心线圈 φ0.6×4×2T5(顺绕)
19	C_{12}	瓷介电容 104p	46	L_2	空心线圈 φ0.6×4×4T5(顺绕)
20	C_{13}	瓷介电容 681p	47	Q_1	三极管 9018H
21	C_{14}	瓷介电容 104p	48	SW	开关 SK－22D07VG2(同 2902)
22	C_{15}	瓷介电容 102p	49	PVC	PVC 单联电容(20P)
23	C_{16}	瓷介电容 473p	50	VD_1、VD_2	发光二极管红色 1.2×3.5mm2 个
24	C_{17}	瓷介电容 104p	51	J	耳机插座 EJ－3507
25	C_{18}	超小电解 220μF/10V(6×5)	52	DC	DC 插座
26	C_{19}	瓷介电容 103p	53	IC_1	集成电路 SP7021 贴片
27	C_{20}	瓷介电容 102p	54	IC_2	集成电路 D2822 直插

天线信号经 Q_1 放大再由 C_2 进入脚 12 的高频放大器,脚 13 连接的 C_3 是高频放大器输入端的旁路电容。接于脚 11 和脚 10 的 C_4 是第一级 RC 有源滤波器的外接电容。脚 9 为场强电平输出,这里不使用。脚 7 和脚 8 接的 C_{10} 和 C_{11} 是第二级 RC 有源滤波器的外接电容。脚 6 接的 C_9 为中频限幅放大器的旁路电容。脚 5 接的 C_5 和 L_1(或 C_6 和 L_2)及 PVC1 单联电容器组成压控振荡器的调谐回路,用于 FM_1(或 FM_2)选台。脚 4 接正电源。

脚 3 接负电源(系统地)。与脚 2 相接的 C_8 为信息处理器的输出端电容,起静噪作用。脚 1 接的 C_7 用来滤除鉴频输出的中频频率及其高次谐波,同时也是频率锁定环的时间常数电容。脚 16 接的 C_{14}是音频放大器输入端的旁路电容。接脚 15 的 C_{13}是音频滤波电容。脚 14 输出音频信号,经 R_4 送电位器 RP,C_{15}滤掉高频。电位器输出的音频信号,经 D2822 音频功率放大器,放大后推动一只内磁 8Ω 扬声器(或耳机)发声。C_{24}、C_{25}用来消除电池内阻增加时出现的噪声。

三、实验设备与材料

电烙铁、焊锡、要求的各种不同电子元件、示波器、万用表等。

四、实验步骤与内容

(1) 按电路元件清单清查零件品种规格及数量,并对元件进行检测。

(2) 检查外壳及其他塑料件有无缺陷及外观损伤。

(3) 熟悉收音机原理及各元件在收音机电路板中的位置。

(4) 在收音机电路板上进行元器件焊接。关于焊接的方法和注意事项在前面内容中已经介绍过,在此不再重复。

(5) 对所安装的收音机进行调试,排除焊接错误。

(6) 安装收音机其他零件及外壳,制作成品。

在焊接完成后要进行检查,方法如下:

① 外观检查。就是从外观上检查焊接质量是否合格,有条件的情况下,建议用3 倍 ~ 10 倍放大镜进行目检,外观检查的主要内容有:

a. 是否有错焊、漏焊、虚焊。

b. 有没有连焊、焊点是否有拉尖现象。

c. 焊盘有没有脱落、焊点有没有裂纹。

d. 焊点外形润湿应良好,焊点表面是不是光亮、圆润。

e. 焊点周围是无有残留的焊剂。

f. 焊接部位有无热损伤和机械损伤现象。

② 触摸检查。在外观检查中发现有可疑现象时,采用手触检查。主要是用手指触摸元器件有无松动、焊接不牢的现象,用镊子轻轻拨动焊接部或夹住元器件引线,轻轻拉动观察有无松动现象。

③ 通电检查。通电检查是检验电路性能的关键,必须是在外观检查通过后方可进行。只有经过严格的外观检查、通电检查,才不会出现损坏被焊产品、电子测试设备及仪器等现象,另外,还可避免事故的发生。例如,电源连线虚焊,那么通电时,就可能出现连接测试中不上电的现象,更无法通电检测了。

五、注意事项

(1) 放上垫板;烙铁放在支架上,应轻拿轻放,不要靠近电源线。

(2) 保持烙铁头的清洁,可在蘸水的海绵上除去氧化层,镀上焊锡。

(3) 在焊接主芯片 D7021 时应掌握好焊接温度与加热时间,焊锡量要合适。

(4) 待焊接的元件引脚不要完全插入电路板中,应适当留出约 1cm 长,焊接错误时元件可容易拆焊。

(5) 电路焊接完毕应认真检查是否有虚焊、漏焊以及引脚焊接短路的情况,如确认无误再上电调试。

六、质量检查

总装完成后,装入电池,进行质量检查,主要检查以下几项。

(1) 电源开关手感良好。

(2) 音量正常可调。

(3) 收听正常。

(4) 表面无损伤。

(5) 频率指示正确。

七、常见故障及处理

收音机常见故障情况很多,例如收音机完全无声、声音小、灵敏度低、声音失真、有噪声无电台信号等故障都是经常出现的,其原因也是错综复杂的。一种故障现象可能是一种原因,也可能是多种原因造成的。但只要掌握了收音机故障的类型及特点,对故障产生的原因逐一加以分析,使用正确的检修方法,就会很快查出故障。

1. 无声的故障

收音机无声是一种常见的故障,所涉及的原因较多。电源供不上电、扬声器损坏、低频放大级或功率放大级电路不工作等,都会导致收音机出现完全无声的故障。收音机出现无声的故障有两种情况:一是在收音机焊接装配完毕后,试听时收音机完全无声;二是在收音机使用期间,出现了完全无声故障。不同的故障出现在不同的场合,就具备不同的特点,因此检修时的侧重点也不同。

利用直流等效电路原理来检修收音机的静态工作点是否正常和利用交流等效电路原理分析信号通路是否顺畅,是检修收音机无声故障的基本方法。收音机焊装完毕后若出现无声的故障,最好使用观察法进行检修。检修时重点检查元器件安装和焊接是否存在问题,例如,电池是否焊牢、电池连线和扬声器连线是否接错、元器件相对位置及带有极性元器件焊装是否正确、是否因元器件引脚相碰撞造成短路、焊接时是否存在漏焊、虚焊、桥接等现象。将焊装完的收音机对照电路原理图和装配图认真仔细地检查,可能会存在由于焊装的疏忽大意造成的故障。经过认真的观察、对照后仍然没有发现故障,则可按照下述步骤进行检修。

1）测整机电流

将万用表置于直流电流挡,断开收音机电源开关,将电流表跨接在开关两端,正常时收音机的整机静态工作电流一般为10mA～20mA。测量时发现:

(1）无电流的情况。可以从这样几个方面考虑:电池电压是否正常、电池夹是否生锈、正负极片与电池接触是否良好、电源线是否接错、印制电路板电源电路有无断裂现象。

(2）电流小的情况。检查电池是否有电,检查时测量电池两端的电压的同时测量其瞬间短路电流。可以使用万用表直流电流500mA挡,红表笔接电池的正极,黑表笔接电池的负极,快速瞬时测量,如果电量充足测量值可达500mA以上,若电流小于250mA,则说明电量不足。检查各电阻阻值、晶体管极性安装是否正确、电池夹、开关接触电阻是否过大、焊点有无漏焊或虚焊等接触不良的现象。

(3）电流大的情况。当整机电流较大时,不要长时间接通电源,应检查出故障后再通电,否则会因电流过大而损坏其他元器件。如果刚刚焊接完的收音机出现电流大的情况,首先应检查焊点是否有桥接短路的情况,再检查三极管和起稳压作用的二极管极性是否接反。实践中发现,中频变压器在焊接时往往由于焊接时间过长或焊锡量过多,使得焊锡流到元器件表面与中频变压器屏蔽壳接触,从而造成短路。

当整机电流大于100mA时,可以从以下几个方面考虑:电路存在严重的短路现象、放大电路静态工作点偏离比较严重、晶体管被击穿、电容器的漏电或击穿、变压器初级与次级的漏电或短路、放大电路偏置电阻开路或阻值增大、电源正负极相碰短路,都是造成整机电流大的原因。

2）测电源

检查电源电路是否正常,首先测电池两端电压,再测电池接入电路板的电压。若无电压,说明电源连接线开路(电池极片接触不良)或开关没有接通。对交直流供电收音机还要重点检查外接电源插座焊点和其内部接触情况。

3）检查低放及功放电路

低频部分的检查顺序为先查功率放大级,后低频放大级。使用干扰法判断故障在低频放大级,还是在功率放大级。对于采用电位器分压方式进行音量调整的收音机,首先旋转音量电位器(电位器不可放在音量最小处),确定低频部分的确有故障,再检查低放和功放输入端,判断故障是在功率放大级还是在低频放大级,最后用电压测量法找出损坏的元器件。利用电压测量法,检查是否存在开路、短路等问题,晶体管是否损坏。也可以将被怀疑的元器件焊下,用万用表的电阻挡进行测量。

通过测量低放级与功放级电路的电流及静态工作点电压是否正常,同样可以找出存在故障的电路。

4）检查扬声器

将扬声器连线焊下，用万用表电阻挡（R×1）测扬声器的阻抗，再检查扬声器、耳机插孔的导线是否出现断线、接错的情况以及耳机插孔开关是否接触良好。

5）检查功效芯片，是否存在虚焊、错焊等情况。

2. 有“沙沙”噪声无电台信号的故障

收音机接通电源后，能听到“沙沙”的噪声，但是收不到电台广播，基本可以断定低频电路是正常的。收不到电台信号，应重点检查检波以前的各级电路。在检修这类故障时先使用观察法，查看检波以前各级电路元器件是否有明显的相碰短路或引脚虚焊、天线线圈断线或器件错误的情况。

检查时也可以根据“沙沙”声的大小分析故障可能出现在收音机部分前级电路还是后级电路。“沙沙”声越大，说明经过放大的级数越多，故障出现在前级的可能性就越大；相反，经过放大电路的级数越少，“沙沙”声越小。没有检修经验的初学者，很难从“沙沙”声的大小判断故障是在前级还是后级。在实际检修中，多使用干扰法判断故障在哪一级电路。

3. 声音小、灵敏度低的故障

声音小、灵敏度低的故障涉及的范围较大。声音小，与低频放大电路、中频放大电路和变频电路有关。灵敏度低则一般是中频放大电路和变频电路存在问题，与低频放大电路关系不大。检修时应先试听，如果各个电台声音都很小，则是声音小的故障，但是如果有的电台声音大有的声音小，则是灵敏度低的故障。声音小的故障应重点检查低频放大电路，灵敏度低则应重点检查中频放大电路和变频电路。

声音小和灵敏度低两种故障同时存在时，应先排除声音小的故障后再排除灵敏度低的故障，灵敏度低的故障主要出现在低频放大以前的各级电路中。

4. 声音失真的故障

声音失真是收音机常见的故障，收听电台广播时扬声器出现声音走调、断续、阻塞、含糊不清，失去正常音质等情况都属于声音失真。引起声音失真的原因很多，常见的失真现象可能与以下情况有关。

（1）电源电压不足。电池长时间使用后，其内阻会变大，这样会造成了电池电压的下降，同时电池所能提供的电流也严重不足，使收音机各级电路的静态工作电位及工作电流受到影响；电池夹生锈致使接触电阻增大，也会使收音机受到以上相同的影响，当音量开大时整机消耗电流将增加，失真现象会更加明显；电源滤波电容容量不足，也会使收音机产生失真。

（2）扬声器损坏。收音机严重磕碰会使扬声器的磁钢松动脱位而将线圈卡住，此时声音变得小且发尖。扬声器纸盆破损后会使收听广播的声音嘶哑，音量增大时伴有“吱吱”声。

(3) 功放芯片损坏或假焊也是常见故障。可以通过点压焊点的方法确定是否虚焊、假焊。

5. DT021 引起的故障

因 DT021 是贴片型集成芯片,在使用过程中经常出现错焊、虚焊等问题。各引脚参考电压分别为 1 脚 2. 71V,2 脚 2. 07V,3 脚 0V,4 脚 2. 9V,5 脚 2. 9V,6 脚 2. 35V7 脚 2. 3V,8 脚 2. 3V,9 脚 2. 9V,10 脚 2. 3V11 脚 2. 3V,12 脚 0. 85V,13 脚 0. 85V,14 脚 1. 21V,15 脚 0. 58V,16 脚 1. 2V。

以上电压值可在调试时作为参考。

八、报告要求

(1) 实验目的。

(2) 列出实验设备及所用元器件。

(3) 简述单片集成收音机原理。

(4) 写出在焊接,调试单片集成收音机时所遇到的问题及解决方法。

(5) 总结实验收获、体会。

实训项目四　电话机的安装与调试

一、实验目的

（1）了解电话机电路的工作原理。

（2）熟悉电路中主要电器元件的作用及结构。

（3）了解电子电路的识图方法。

（4）掌握电子电路焊接工艺中的基本技能。

（5）了解电子产品的生产工艺流程，掌握电子电路安装、调试技术。

二、实验设备和材料

电烙铁、焊锡、要求的各种不同电子元件、示波器、万用表等。

三、电话机原理

电话机主要由叉簧、振铃电路、极性保护电路、拨号电路、通话电路、和手柄组成。其电路组成框图如图 3－18 所示。

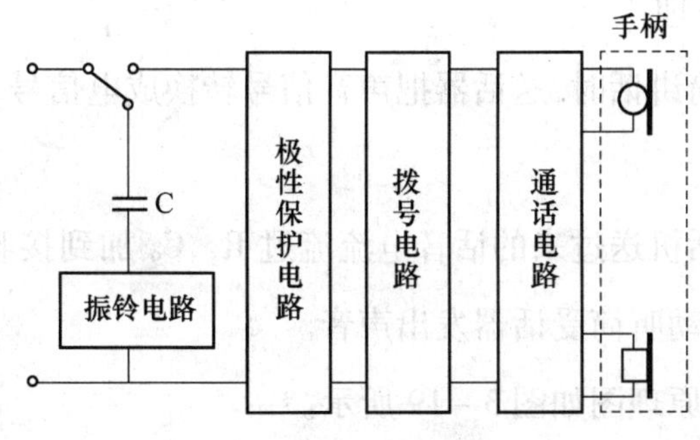

图 3－18　电话机组成框图

1. 振铃电路的工作原理

振铃电路由整流电路和振荡电路组成。振铃电压由外线的 25Hz 交流电压，经整流电路整流、滤波后变成较为平滑的直流电压提供。振荡电路由振铃集成芯片 KA2410 组成，其各引脚功能主要有 1 脚为电源电压输入端;5 脚为接地端;3、4 脚为低频振荡电路，振荡频率由外接电阻电容确定;6、7 脚为高频振荡电路，振荡频率由外接电阻电容确定;8 脚为音频功率输出端，外接喇叭。

2. 极性保护电路工作原理

电话机的拨号电路和通话电路都由集成电路、晶体管和各种电子元件组成。为了保证电路正常工作，必须保证合适的工作电压，而且电压的极性应该是固定的。因此，利用 $VD_1 \sim VD_4$ 四个二极管组成电桥电路来实现极性保护电路。

3. 拨号电路工作原理

音频拨号方式中的双音频是指用两个特定的单音频信号的组合来代表数字或功能。两个单音频的频率不同，所代表的数字和功能也不同。在双音多频电话机中，有 16 个按键，采用的频率有 8 种。这 8 种频率分为两个群:高频群和低频群。从高频和低频中各取一种进行组合，共有 16 种组合方式，代表 16 种不同的数字和功能。因为从 8 种频率中任意抽出 2 种进行组合，因此这种编码方法称为 8 中取 2 的编码方法。

本电话机拨号电路由集成拨号芯片 W91350 构成，其各引脚功能主要有 14 脚为电源电压输入端;6 脚为接地端;1 脚 ~ 4 脚为 4 个高频输入端，15 脚 ~ 18 脚为 4 个低频输入端，共同组成 0 ~ 9、*、#、暂存、重播等按键;由 12 脚输出合成的拨号频率信号;7、8 脚外接 3.58MHz 的晶体振荡器;9 脚为静音输出端，在拨号过程中和闪断时输出静音低电平。

4. 通话电路工作原理

送话通路:对着话筒讲话时，送话器把声音信号转换成电信号，经发送放大器 Q_1 放大后，输出给外线路。

受话通路:对端电话机送过来的话音电流流过 R_5、C_9 加到接收放大器 Q_2 的输入端，经接收放大器放大后驱动听筒受话器发出声音。

电话机电路的完整原理图如图 3 - 19 所示。

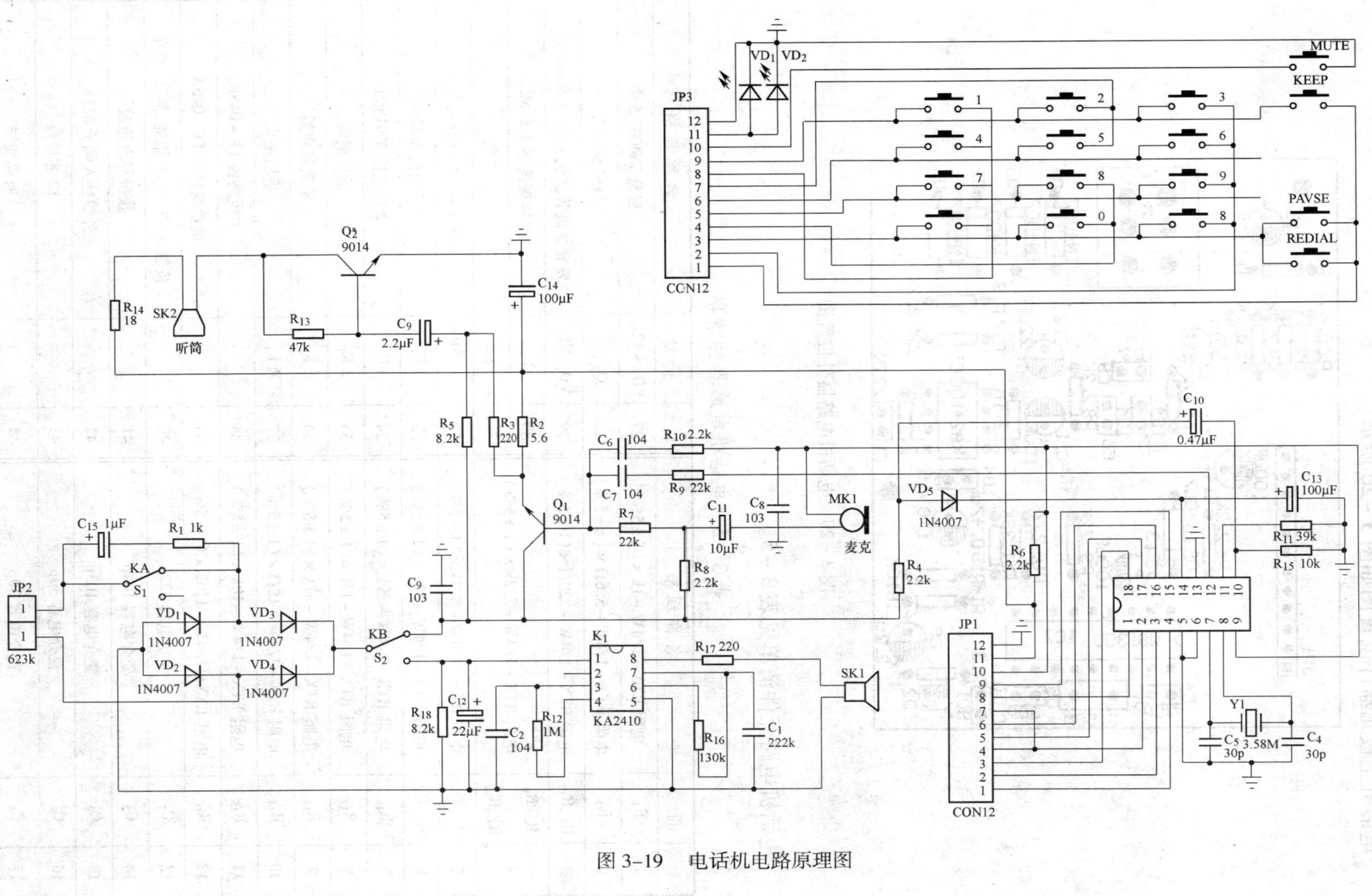

图 3-19　电话机电路原理图

电话机主板元器件位置图如图 3－20 所示。

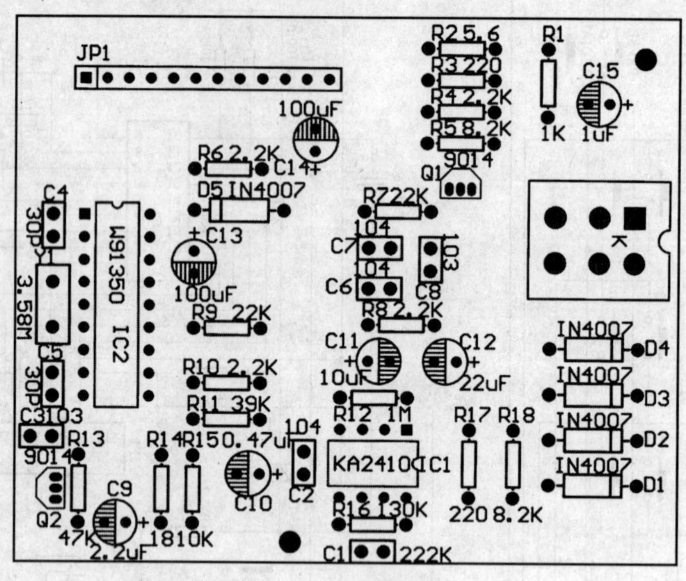

图 3－20 电话机电路器件位置图

电话机电路元件清单见表 3－5。

表 3－5 电话机电路器件清单

	符 号	名称规格		符 号	名称规格
1	R_1	电阻 RTX－1/4W－1k×(1±5%)	27	$VD_1 \sim VD_5$	二极管 IN4007 5 个
2	R_2	电阻 RTX－1/4W－5.6Ω×(1±5%)	28	Q_1、Q_2	三极管 9014 2 个
3	R_3、R_{17}	电阻 RTX－1/4W－220Ω×(1±5%)	29	VD_1、VD_2	发光二极管红色 1.2×3.5mm2 个
4	R_4、R_6 R_8、R_{10}	电阻 RTX－1/4W－2.2k×(1±5%)	30	Y_1	晶体振荡器 3.58MHz
			31	K	叉簧
5	R_5、R_{18}	电阻 RTX－1/4W－8.2k×(1±5%)	32	SP＋.SP－	导线 ϕ1.0×65mm 2 个
6	R_7、R_9	电阻 RTX－1/4W－22k×(1±5%)	33	IC_1	集成电路 KA2410
7	R_{11}	电阻 RTX－1/4W－39k×(1±5%)	34	IC_2	集成电路 W91350
8	R_{12}	电阻 RTX－1/4W－1M×(1±5%)	35	SK_1	话机喇叭
9	R_{13}	电阻 RTX－1/4W－47k×(1±5%)	36	SK_2	听筒扬声器
10	R_{14}	电阻 RTX－1/4W－18Ω×(1±5%)	37	MK_1	手柄麦克
11	R_{15}	电阻 RTX－1/4W－10k×(1±5%)	38		主线路板 LF－046B
12	R_{16}	电阻 RTX－1/4W－130k×(1±5%)	39		键盘线路板 LF－046A
13	C_1	涤纶电容 222k	40		按键 0～9，*，#，重播，静音，暂存
14	C_2	瓷介电容 104p	41		按键导电橡胶
15	C_3	瓷介电容 103p	42		外线接入端子 623K
16	C_4	瓷介电容 30p	43		12 芯排线
17	C_5	瓷介电容 30p	44		听筒曲线

（续）

	符 号	名 称 规 格		符 号	名 称 规 格
18	C_6	瓷介电容 104p	45		电话机外壳
19	C_7	瓷介电容 104p	46	固定主板	螺丝 3 个
20	C_8	瓷介电容 103p	47	固定键盘	螺丝 6 个
21	C_9	电解电容 2.2μF/50V	48	话筒	螺丝 1 个
22	C_{10}	电解电容 0.47μF/50V	49	底壳	螺丝 4 个
23	C_{11}	电解电容 10μF/50V	50		
24	C_{12}	电解电容 22μF/50V			
25	C_{13}、C_{14}	电解电容 100μF/50V			
26	C_{15}	电解电容 1μF/50V			

四、实验步骤与内容

(1) 按电话机的元件清单清查零件品种规格及数量,并对元件进行检测。

(2) 检查外壳及其他塑料件有无缺陷及外观损伤。

(3) 熟悉电话机原理及各元件在电路板中的位置。

(4) 在电话机电路板上进行元器件焊接。

(5) 对所安装的电话机进行调试,排除焊接错误。

(6) 组装电话机其他零件及外壳,制作成品。

五、注意事项

同实训项目二。

六、报告要求

(1) 实验目的。

(2) 列出实验设备及所用元器件。

(3) 简述电话机原理。

(4) 写出在焊接,调试电话机时所遇到的问题及解决方法。

(5) 总结实验收获、体会。

实训项目五　直流稳压电源的制作及参数测试

一、实验目的

(1) 比较桥式整流、滤波与稳压电源的的特点。

(2) 掌握稳压系数、电源内阻的测量方法。

(3) 掌握三端可调稳压电源的调试方法。

二、实验原理

随着半导体工艺的发展,稳压电路也制成了集成器件。由于集成稳压器具有体积小、外接线路简单、使用方便、工作可靠和通用性等优点,因此在各种电子设备中应用十分普遍,基本上取代了由分立元件构成的稳压电路。集成稳压器的种类很多,应根据设备对直流电源的要求来进行选择。对于大多数电子仪器、设备和电子电路来说,通常是选用串联线形集成稳压器。而在这种类型的器件中,又以三端式稳压器应用最为广泛。

78、79 系列三端式集成稳压器的输出电压是固定的,在使用中不能进行调整。78 系列三端式稳压器输出正极电压,一般有 5V、6V、9V、12V、16V、18V、24V 七个挡次,输出电流最大可达到 1.5A(如散热片)。同类型 78M 系列稳压器的输出电流为 0.5A,78L 系列稳压器的输出电流为 0.1A。若要求负极性输出电压,则可选用 79 系列稳压器。图 3－21 为 78 系列的外形和接线图。它有三个引出端:

输入端(不稳定电压输入端):标以“1”。

输出端(稳定电压输出端):标以“2”。

公共端:标以“3”。

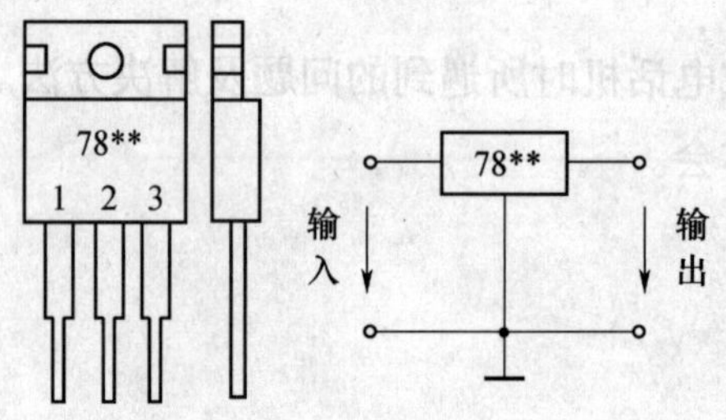

图 3－21　78 系列外形及接线图

除固定输出三端稳压器外，还有可调式三端稳压器，后者可通过外接元件对输出电压进行调整，以适合不同的需要。

本实验所用集成稳压器为三端固定正稳压 7812，它的主要参数有：输出直流电压 $U_0 = +12V$，输出电流 L:0.1A，M:0.5A，电压调整率 10mV/V，输出电阻 $R_0 = 0.15\Omega$，输入电压 U_I 的范围 15V ~ 17V。因为一般 U_I 要比 U_0 大 3V ~ 5V，才能保证集成稳压器工作在线形区。

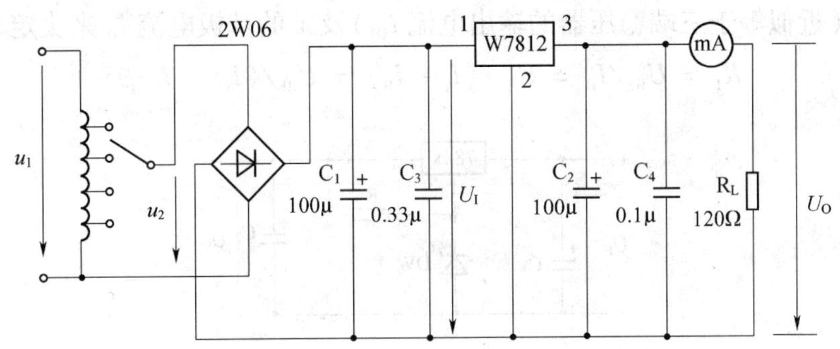

图 3-22 由 7812 构成的串联型稳压电源

图 3-22 是用三端式稳压器 7812 构成的单电源电压输出串联型稳压电源的实验电路图。其中整流部分采用了由四个二极管组成的桥式整流器成品（又称桥堆），型号为 2W06，内部接线和外部管脚引线如图 3-23 所示。滤波电容 C_1、C_2 一般选取几百 ~ 几千微法。当稳压器距离整流滤波电路比较远时，在输入端必须接入电容 C_3（数值为 0.33μF），以抵消线路的电感效应，防止产生自激振荡。输出端电容 C_4（0.1μF）用以滤除输出端的高频信号，改善电路的暂态响应。

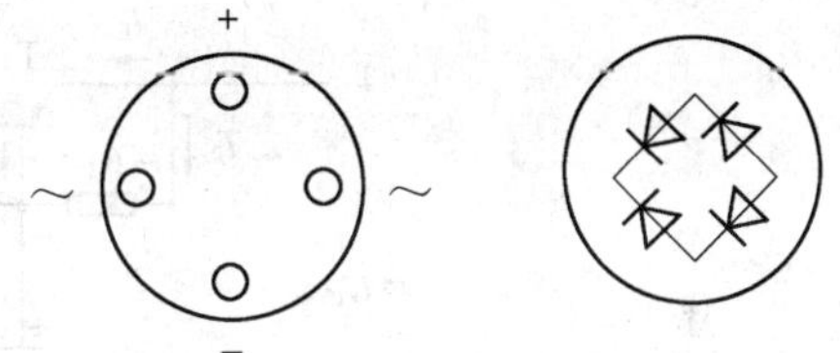

图 3-23 2W06 管脚图

图 3-24 为正、负双输出电路，例如需要 $U_{O1} = +18V$，$U_{O2} = -18V$，则可选用 7818 跟 7918 三端稳压器，这时的输入电压 U_I 应为单电压输出时的两倍。

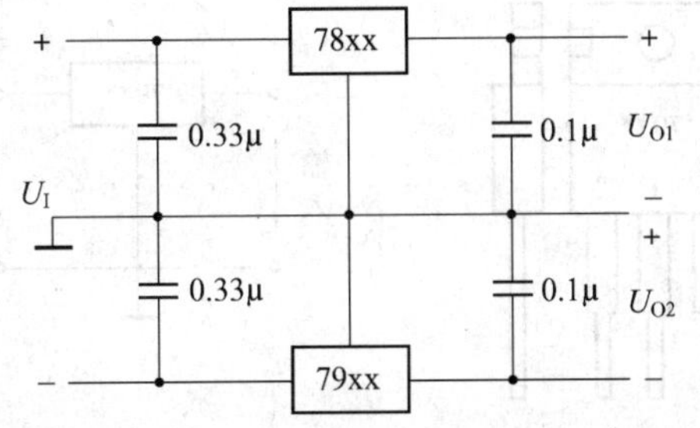

图 3 24 正、负双电压输出电路

当集成稳压器本身的输出电压或输出电流不能满足要求时，可通过外接电路来进行性能扩展。图3－25是一种简单的输出电压扩展电路。如7812稳压器的3、2端间输出电压为12V，因此只要适当选择R的值，使稳压管DW工作在稳压区，则输出电压 $U_O = 12 + U_Z$，可以高于稳压器本身的输出电压。图3－26是通过外接晶体管T及电阻 R_1 来进行电流扩展的电路。电阻 R_1 的阻值由外接晶体管的发射结导通电压 U_{BE}、三端式稳压器的输入电流 I_i（近似等于三端稳压器的输出电流 I_{O1}）及T的基极电流 I_B 来决定，即

$$R_1 = U_{BE}/I_R = U_{BE}/(I_i - I_B) = U_{BE}/(I_{O1} - I_C/\beta)$$

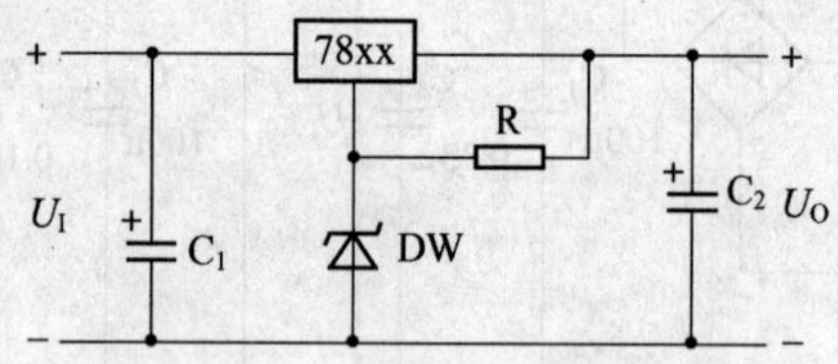

图3－25　输出电压扩展电路

式中：I_C 为晶体管T的集电极电流，它应等于 $I_C = I_O - I_{O1}$；β为T的电流放大系数；对于锗管 U_{BE} 可按0.3V估算，对于硅管 U_{BE} 按0.7V估算。

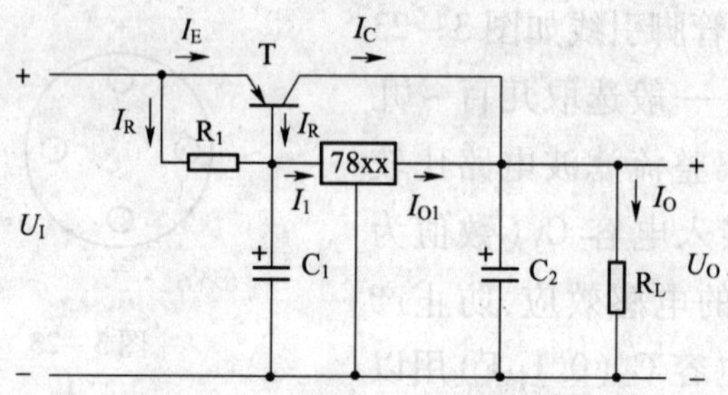

图3－26　输出电流扩展电路

附：(1)图3－27为79系列(输出负电压)外形及接线图。

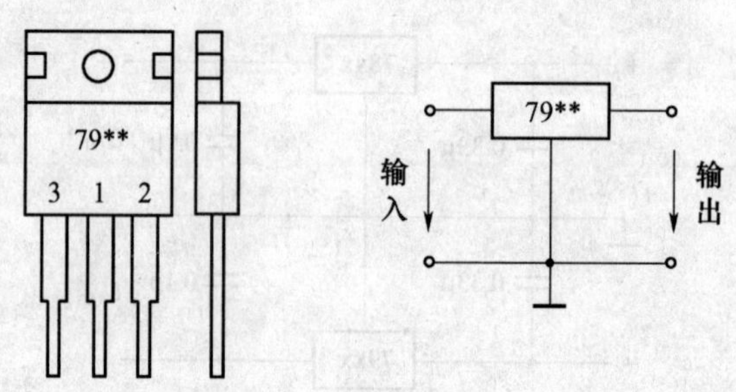

图3－27　79系列外形及接线图

(2)图 3-28 为可调输出正三端稳压器 317 外形及接线图。

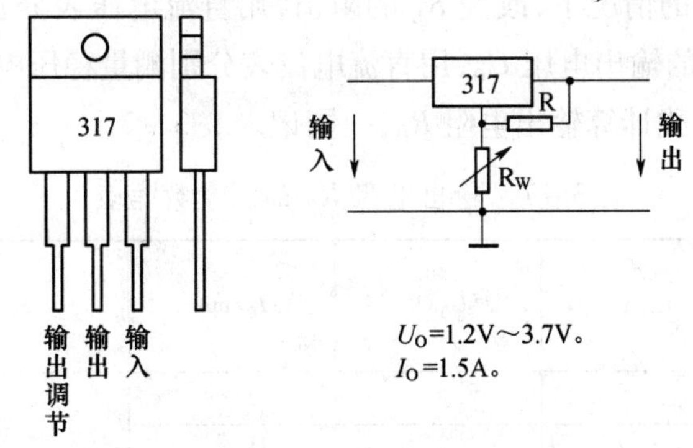

图 3-28　317 外形及接线图

三、实验设备与材料

(1) 变压器。

(2) 双踪示波器。

(3) 交流毫伏表。

(4) 直流电压表。

(5) 直流毫安表。

(6) 电烙铁、焊锡等。

(7) 三端稳压器 7812、7912,整流桥,电阻器、电容器若干。

四、实验步骤与内容

(1) 为提高学生的动手能力,学生自行设计印制电路板,并焊接。按图 3-22 连接由桥式整流堆和三端式稳压器 W7812 构成的直流稳压电源电路。

(2) 稳压系数 S 的测量。按图 3-22 所示的实验电路,输入电压开关分别接到变压器标有 14V 和 10V 的两个端子,以引入 u_2 作为整流电路输入电压,用交流电压表测量其对应的有效值 U_2,且用直流电压表分别测量稳压电路的输入电压 U_I 和稳压电路的输出电压 U_0,记入表 3-6,然后根据公式计算稳压系数 S,一同记入表 3-6。

表 3-6　稳压系数 S 的测量数据表

R_L	U_2/V	U_I/V	U_O/V	$S=\frac{\Delta U_O/U_O}{\Delta U_I/U_I}\Big\vert R_L=$常数
120Ω				
120Ω				

(3) 输出电阻 R_0 的测量。输入电压开关接到变压器标有 14V 的端子上,且保持不变(也即 U_I 保持不变)的情况下,改变 R_L 的阻值,用直流电压表分别测量稳压电路的输入电压 U_I 及稳压电路的输出电压 U_0,用直流电流表分别测量稳压电路的输出电流 I_0,记入表 3-7,然后根据公式计算输出电阻 R_0,一同记入表 3-7。

表 3-7　输出电阻 R_0 的测量数据表

R_L/Ω	U_I/V	U_0/V	I_0/mA	$S_0=\frac{\Delta U_0}{\Delta I_0}\Big\vert U_I=$常数
120				
240				

(4) 输出纹波电压的测量。输入电压开关接到变压器标有 14V 的端子上,电路接负载 $R_L=120\Omega$,用交流毫伏表测量输出电压中所含交流分量的有效值,即为输出纹波电压 $\tilde{U}_0$;用直流电压表测量输出电压中所含的直流分量 U_0,比较 $\tilde{U}_0$ 和 U_0 的大小,并把测量结果记录于表 3-8 中。

表 3-8　输出纹波电压的测量数据表

R_L/Ω	$\tilde{U}_0/V$	U_0/V
120		

五、预习与思考题

(1) 在电路输入电压 u_2 的有效值 $U_2=15V$ 的情况下,理论上 U_I 之值的范围是多少?U_0 的理论值又是多少?

(2) 稳压系数 S 和输出电阻 R_0 是从哪些方面考察稳压电路的稳压效果的?

(3) 在组装、调试过程中,遇到什么问题,是怎样解决的?

实训项目六　配电板及室内照明电路安装

一、实验目的

（1）掌握配电板的安装。

（2）掌握室内照明电路（荧光灯与白炽灯）的安装。

（3）熟悉安全用电常识。

二、实验设备与材料

（1）配电板，600mm×400mm×25mm，1 块。

（2）配电板，700mm×600mm×25mm，1 块。

（3）单相电能表，2A，1 只。

（4）闸刀开关，HK2－15/2（15A），1 只。

（5）熔断器，RC1A15/10，2 只。

（6）保险丝，2A（100m/卷），20 cm。

（7）单股铜芯导线，1.5mm^2，2 m。

（8）线卡，15 颗。

（9）木螺钉，长 20mm，10 颗。

（10）插头，单相 10A/220V，1 只。

（11）单联开关，5A/220V，1 只。

（12）平灯座，螺口，1 只。

（13）螺口灯泡，25W/220V，1 只。

（14）荧光灯管、灯座、启辉器、镇流器等 1 套。

（15）平口螺丝刀，中号，1 把。

（16）十字螺丝刀，中号，1 把。

（17）尖嘴钳，中号，1 把。

（18）绝缘胶带，若干。

三、实验步骤与内容

1. 配电板安装

1）步骤

在配电板上安装电能表、闸刀开关、熔断器，连接好电路，如图 3－29 所示。

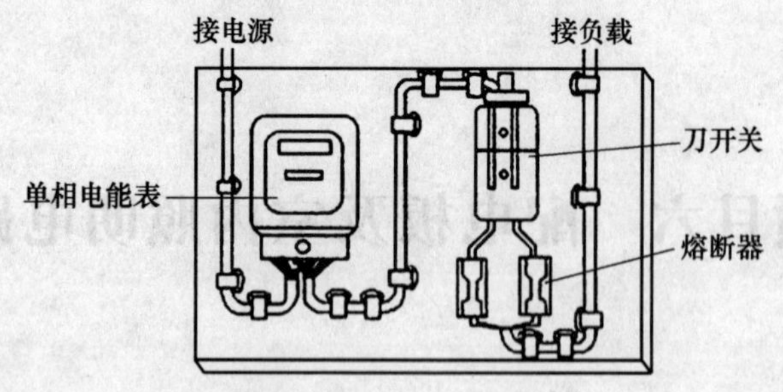

图 3－29　配电板的安装

2）要求

（1）护套线的敷设要平直，转角要圆。

（2）电能表、闸刀开关、熔断器安装不能松动。

2. 室内照明电路安装

（1）安装原理如图 3－30 所示。

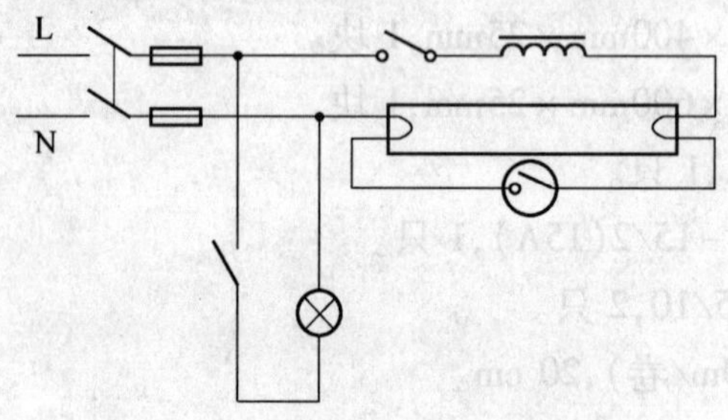

图 3－30　室内照明电路安装原理图

（2）步骤。

① 定位及画线。

② 线卡。

③ 敷设塑料护套线。

④ 安装荧光灯。

根据荧光灯管长度固定荧光灯座，再固定镇流器和启辉器座，然后用塑料软线连接荧光灯电路，最后插入灯管和启辉器。

（3）要求。

① 一只开关控制白炽灯，另一只开关控制荧光灯，插座不受开关控制。

② 各照明附件必须安装牢固，布线整齐美观。

四、注意事项

（1）注意安全用电，严禁带电安装及检修。

（2）安装完毕，经指导老师安全检查后，才能通电试验。

附　录

附录1　数字万用表使用说明书

一、概述

MY65 型数字万用表是一种性能稳定、用电池驱动的高可靠性数字万用表。仪表采用 26mm 字高 LCD 显示器、读数清晰；背光显示及过载保护功能，更加方便实用。

该仪表用来测量直流电压和交流电压、直流电流和交流电流、电阻、电容、二极管、三极管、通断测试等参数。

二、安全事项

（1）测量电压时，请勿输入超过直流 1000V 或交流 700V 有效值的极限电压。

（2）36V 以下的电压为安全电压，在测高于 36V 直流、25V 交流电压时，要检查表笔是否可靠接触，是否正确连接、是否绝缘良好等，以避免电击。

（3）更换功能和量程时，表笔应离开测试点。

（4）选择正确的功能和量程，谨防误操作，该系列仪表虽然有全量程保护功能，但为了安全起见，仍请您多加注意。

（5）测量电流时，请勿输入超过 10A 的电流。

（6）安全符号说明："⚠"存在危险电压，"⏚"接地，"回"双绝缘，"🔋"低电压符号。

三、操作面板说明

1. 面板结构（附图 1－1）

（1）液晶显示器：显示仪表测量的数值及单位。

（2）POWER 电源开关：开启及关闭电源。

（3）HOLD 保持开关：按下此功能键，仪表当前所测数值保持在液晶显示器上，再次按下，退出保持功能状态。

（4）hFE 测试插座：用于测量晶体三极管的 hFE 数值大小。

（5）旋钮开关：用于改变测量功能及量程。

（6）电容（Cx）或电感（Lx）插座。

（7）电压、电阻、温度及频率插座，小于 200mA 电流及温度测试插座，10A 电流测试插座，公共地。

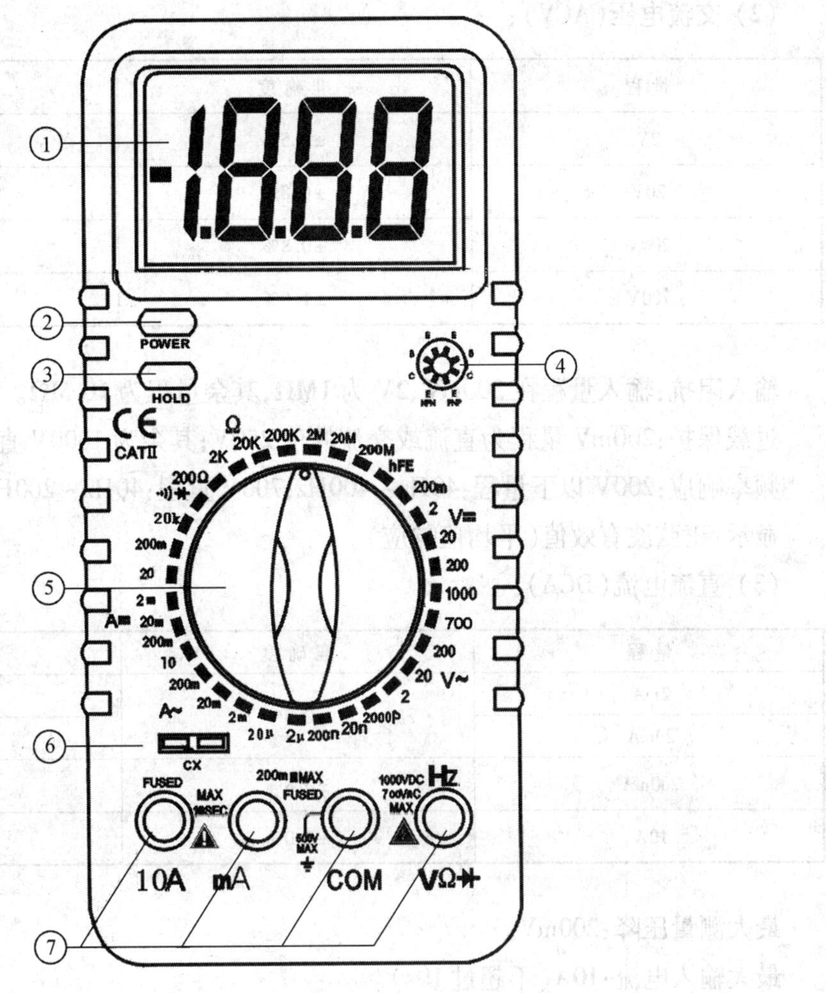

附图 1－1　面板结构

2. 技术特性

（1）直流电压（DCV）：

量 程	准 确 度	分 辨 率
200mV	±0.05%	10μV
2V	±0.1%	0.11mV
20V	±0.1%	1mV
200V	±0.1%	0.1mV
1000V	±0.15%	0.1V

输入阻抗：所有量程为 10MΩ。

过载保护：200mV 量程为 250V 直流或交流峰值；其余为 1000V 直流或交流峰值。

(2) 交流电压(ACV):

量程	准确度	分辨率
2V	±0.5%	0.1mV
20V	±0.8%	1mV
200V	±0.8%	0.1mV
700V	±1.0%	0.1V

输入阻抗:输入量程在200mV、2V为1MΩ,其余量程为10 MΩ。

过载保护:200mV量程为直流或交流峰值250V;其余为1000V直流或交流峰值。

频率响应:200V以下量程:40Hz~400Hz;700V量程:40Hz~200Hz。

显示:正弦波有效值(平均值响应)。

(3) 直流电流(DCA):

量程	准确度	分辨率
2mA	±0.5%	0.1 μA
20mA		1μA
200mA	±0.8%	10μA
10A	±2.0%	1mA

最大测量压降:200mV。

最大输入电流:10A(不超过10s)。

过载保护: 0.2A/250V、10A/250V速熔保险丝。

(4) 交流电流(ACA):

量程	准确度	分辨率
2mA	±0.8%	0.1
20mA		1μA
200mA	±1.2%	10μA
10A	±2.5%	1mA

最大测量压降:200mV。

最大输入电流:10A(不超过10s)。

过载保护: 0.2A/250V、10A/250V速熔保险丝。

频率响应:40Hz~400Hz。

显示:正弦波有效值(平均值响应)。

（5）电阻Ω：

量程	准确度	分辨率
200Ω	±0.5%	0.01Ω
2kΩ		0.1Ω
20kΩ		1Ω
200kΩ		10Ω
20MΩ		1kΩ
2000MΩ	±5.0%	0.1MΩ

开路电压：小于3V。

过载保护：250V 直流或交流峰值。

注意事项：

① 在使用200Ω量程时，应先将表笔短路，测得引线电阻，然后在测试中减去。

② 1MΩ以上时，读数反应缓慢属正常现象，请待显示值稳定后再读数。

（6）电容：

量程	准确度	分辨率
2000p	±4.0%	0.1pF
20nF		1pF
200nF		1pF
2μF		0.1nF
20μF		10nF

过载保护：36V 直流或交流峰值。

（7）频率：

量程	准确度	分辨率
20kHz		1Hz

（8）二极管及通断测试：

量程	显示值	测试条件
▶|·)))	二极管正向压降	正向直流电流约1mA，反向电压约3V
	蜂鸣器发声长响，测试两点阻值小于(70±20)Ω	开路电压约3V

（9）晶体三极管hFE参数测试：

量程	显示值	测试条件
hFE NPN或PNP	0～1000	基极电流约10μA，V_{ce}约为3V

四、使用方法

1. 直流电压测量

(1) 将黑表笔插入"COM"插孔。红表笔插入 V/Ω/Hz 插孔。

(2) 将量程开关转至相应的 DC　V 量程上,然后将测试表笔跨接在被测电路上,红表笔所接的该点电压与极性显示在屏幕上。

2. 交流电压测量

(1) 将黑表笔插入"COM"插孔。红表笔插入 V/Ω/Hz 插孔。

(2) 将量程开关转至相应的 AC　V 量程上,然后将测试表笔跨接在被测电路上。

在测量电压时应注意:

(1) 如果事先对被测电压范围没有概念,应将量程开关转到最高档位,然后根据显示值转至相应挡位上。

(2) 未测量时小电压挡有残留数字,属正常现象不影响测试,如测量时高位显"1",表明已超过量程范围,须将量程开关转至较高挡位上。

(3) 输入电压切勿超过 700V(rms),如超过,则有损坏仪表线路的危险。

(4) 当测量高压电路时,注意避免触及高压电路。

3. 直流电流测量

(1) 将黑表笔插入"COM"插孔。红表笔插入"mA"插孔中(最大为 200mA),或红笔插入"10A"中(最大为 10A)。

(2) 将量程开关转至相应的 DC　A 挡位上,然后将仪表串入被测电路中,被测电流值及红色表笔点的电流极性将同时显示在屏幕上。

注意:

(1) 如果事先对被测电压范围没有概念,应将量程开关转到最高档位,然后根据显示值转至相应挡位上。

(2) 如 LCD 显"1",表明已超过量程范围,须将量程开关调高一挡。

(3) 最大输入电流为 200mA 或者 10A(视红表笔插入位置而定),过大的电流会将保险丝熔断,在测量 10A 要注意,该挡位没保护,连续测量大电流将会使电路发热,影响测量精度甚至损坏仪表。

4. 交流电流测量

(1) 将黑表笔插入"COM"插孔。红表笔插入"mA"插孔中(最大为 200mA),或红笔插入"10A"中(最大为 10A)。

(2) 将量程开关转至相应的 AC　A 挡位上,然后将仪表串入被测电路中。

注意:

(1) 如果事先对被测电流范围没有概念,应将量程开关转到最高挡位,然后按显示值转至相应挡位上。

（2）如 LCD 显“1”，表明已超过量程范围，须将量程开关调高一挡。

（3）最大输入电流为 200mA 或者 10A（视红表笔插入位置而定），过大的电流会将保险丝熔断，在测量 10A 要注意，该挡位无保护，连续测量大电流将会使电路发热，影响测量精度甚至损坏仪表。

5. 电阻测量

（1）将黑表笔插入“COM”插孔，红表笔插入 V/Ω/Hz 插孔。

（2）将所测开关转至相应的电阻量程上，将两表笔跨接在被测电阻上。

注意：

（1）如果电阻值超过所选的量程值，则会显“1”，这时应将开关转高一挡；当测量电阻值超过 1MΩ 以上时，读数需几秒时间才能稳定，这在测量高电阻值时是正常的。

（2）当输入端开路时，则显示过载情形。

（3）测量在线电阻时，要确认被测电路所有电源已关断而所有电容都已完全放电时，才可进行。

（4）请勿在电阻量程输入电压！

6. 电容测量

（1）将量程开关置于相应之电容量程上，将测试电容插入“Cx”插孔。

（2）将测试表笔跨接在电容两端进行测量，必要时注意极性。

注意：

（1）如被测电容超过所选量程之最大值，显示器将只显示“1”，此时则应将开关转高一挡。

（2）在测试电容之前，LCD 显示可能尚有残留读数，属正常现象，它不会影响测量结果。

（3）大电容挡测严重漏电或击穿电容时，将显示一数字值且不稳定。

（4）在测试电容容量之前，对电容应充分放电，以防止损坏仪表。

7. 三极管 hFE

（1）将量程开关置于 hFE 挡。

（2）决定所测晶体管为 NPN 型或 PNP 型，将发射极、基极、集电极分别插入相应插孔。

8. 二极管及通断测试

（1）将黑表笔插入“COM”插孔，红表笔插入 V/Ω/Hz 插孔（注意红表笔极性为“+”）。

（2）将量程开关置→+·))) 挡，并将表笔连接到待测试二极管，红表笔接二极管正极，读数为二极管正向降压的近似值。

(3) 将表笔连接到待测线路的两点，如果内置蜂鸣器发声，则两点之间的电阻值低于约 70Ω ± 20Ω。

9. 频率测试

(1) 将表笔或屏蔽电缆接入“COM”和 V/Ω/Hz 输入端。

(2) 将量程开关转到频率挡位上，将表笔或电缆跨接在信号源或被测负载上。

注意：

(1) 输入超过 10V(rms)时，可以读数，但不保证准确度。

(2) 在噪声环境下，测量上信号时最好使用屏蔽电缆。

(3) 在测量高电压电路时，千万不要触及高压电路。

(4) 禁止输入超过 250V 直流或交流峰值的电压，以免损坏仪表。

10. 数据保持

按下保持开关，当前数据就会保持在显示器上，弹起保持取消。

11. 自动断电

当仪表停止使用约 20min ± 10min 后，仪表便自动断电进入休眠状态；若重新启动电源，再按两次“POWER”键，就可重新接通电源。

五、仪表保养

该仪表是一台精密仪器，使用者不要随意更改电路。

注意：

(1) 不要将高于 1000V 直流电压或 700V(rms)的交流电压接入。

(2) 不要在量程开关为 Ω 位置时，去测量电压值。

(3) 在电池没有装好或后盖没有上紧时，不要使用此表进行测试工作。

(4) 在更换电池或保险丝前，请将测试表笔从测试点移开，并关闭电源开关。

六、电池更换

注意 9V 电池使用情况，当 LCD 显示出“▭”符号时，应更换电池，步骤如下：

(1) 按指示拧动后盖上电池门两个固定锁钉，退出电池门。

(2) 取下 9V 电池，换上一节新的电池，虽然任何标准 9V 电池都可使用，但为加长使用时间，最好用碱性电池。

(3) 如果长时间不用仪表，应取出电池。

附录 2 DF2175A 交流毫伏表使用说明书

DF2175A 型具有检测电压的频率范围宽、测量电压的灵敏度和测量精度高，本机噪声低、测量误差小等优点，并且有相当好的线性度。

该系列电压表外形美观，操作方便，开关手感好，内部电路先进，结构紧凑，可靠性好，可广泛应用于工厂、学校、科研单位等。

DF2175A 为单通道单指针毫伏表，交流测量范围为 100μV～300V、5Hz～2MHz，具有监视输出功能，可做放大器使用。

一、技术参数

（1）电压测量范围：300μV～300V。

（2）测量电压频率范围：5Hz～2MHz。

（3）测量电平范围：－90dB～＋50dB；－90dBm～＋52dBm。

（4）输入输出形式：接地/浮置。

（5）固有误差：以 1kHz 为基准。

电压测量误差：±3%（满度值）。

频率影响误差：20Hz～20kHz（±3%）；5Hz～1MHz（±5%）；5Hz～2MHz（±7%）。

测量条件：20℃ ±2℃。

相对湿度：不大于 50%。

大气压力：86kPa～106kPa。

（6）工作误差：

电压测量误差：±5%（满度值）。

频率影响误差：20Hz～20kHz（±5%）；5Hz～1MHz（±7%）；5Hz～2MHz（±10%）。

（7）输入阻抗：在 1kHz 时，输入阻抗约 2MΩ，输入电容不大于 20pF。

二、工作原理

本仪器由输入衰减器、前置放大器、电子衰减器、主放大器、线性放大器、输出放大器、电源及控制电路组成。

前置放大器由高输入阻抗及低输出阻抗的复合放大器组成，由于采用低噪声器件及工艺措施，因此具有较小的本机噪声，输入端还具有过载保护功能。

电子衰减器由集成电路组成，受 CPU 控制，因此具有较高的可靠性及长期工作的稳定性。

主放大器由几级宽带低噪声、无相移放大电路组成，由于采用深度负反馈，因此电路稳定可靠。

线性检波电路是一个宽带检波电路，由于采用了特殊电路，使检波线性达到理想线性化。

控制电路采用数码开关和 CPU 相结合控制的方式，来控制被检测电压的输入量程，用指示灯指示量程范围，使人一目了然。当量程切换至最低或最高挡位，CPU 会发出报警声，以便提示。

其他辅助电路还有开机关机表头保护电路，避免了开机和关机时表头指针受到的冲击。

三、面板结构及使用方法

1. 前后面板布局

前后面板布局如附图 2－1、附图 2－2 所示。

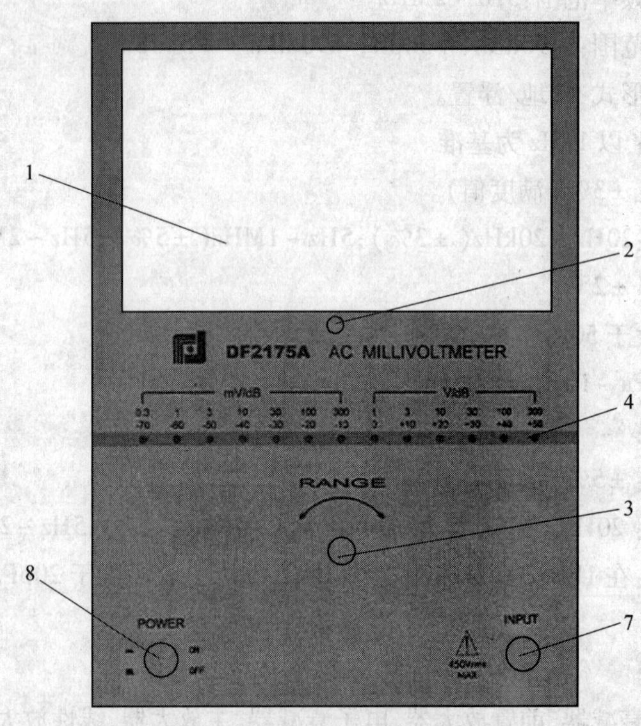

附图 2－1　DF2175A 型毫伏表前面板图

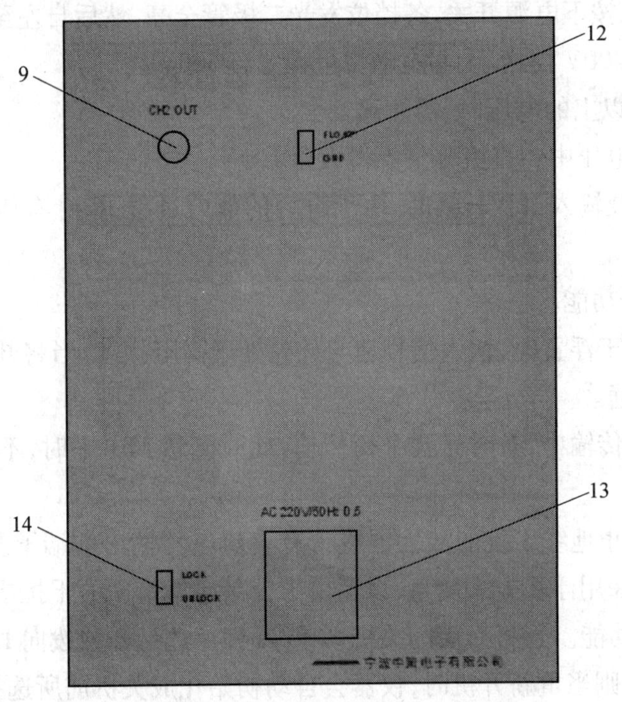

附图 2－2　DF2175A 型毫伏表后面板

各个部分的功能如下：

（1）表头。

（2）机械零位调整。

（3）量程开头。

（4）量程指示。

（5）同步异步/CH1、CH2 指示。

（6）同步异步/CH1、CH2 选择按键。

（7）通道输入。

（8）电源卡关。

（9）通道二监视输出。

（10）通道一监视输出。

（11）通道监视输出。

（12）接地方式选择开关。

（13）电源插座。

（14）关机锁存/不锁存选择开关。

2. 使用方法

（1）通电前，先调整电表指针的机械零点，并将仪器水平放置。

(2) 接通电源,按下电源开关,各挡位发光二极管全亮,然后自左至右依次轮流检测,检测完毕后停止于300V挡指示,并自动将量程置于300V挡。

(3) 测量30V以上的电压时,需注意安全。

(4) 所测交流电压中的直流分量不得大于100V。

(5) 接通电源及输入量程转换时,由于电容的放电过程,指针有所晃动,需待指针稳定后读取读数。

(6) 浮置/接地功能。

① 当将开关置于浮置时,输入信号地与外壳处于高阻状态,当将开关置于接地时,输入信号地与外壳接通。

② 在音频信号传输中,有时需要平衡传输,此时测量其电平时,不能采用接地方式,需要浮置测量。

③ 某些需要防止地线干扰的放大器或带有直流电压输出的端子及元器件二端电压的在线测试等均可采用浮置方式测量,以免由于公共接地带来的干扰或短路。

(7) 关机锁存功能。当将后面的关机锁存/不锁存选择开关拨向LOCK时,在选择好测量状态后再关机,则当重新开机时,仪器会自动初始化成关机前所选择的测量状态。

四、维护和保养

1. 维护

(1) 仪器应放在干燥及通风的地方,并保持清洁,久置不用时应盖上塑料套。

(2) 仪器应避免剧烈振动,仪器周围不应有高热及强电磁场干扰。

(3) 仪器使用电压为220V/50Hz,不应过高或过低。

(4) 仪器应在规定的电压量程内使用,尽量避免过量程使用,以免烧坏仪器。

2. 修理

(1) 仪器电源接通后,若指示灯不亮,表头无反应,应检查电源保险丝是否烧坏。

(2) 若保险丝完好,则应检查机内电源±6V、+5V是否正常。若正常,则应更进一步检查控制电路、放大电路等电路故障。

附录3　YB4320F 型双踪示波器的使用说明

示波器是一种能观察各种电信号波形并可测量其电压、频率等的电子测量仪器。示波器还能对一些能转化成电信号的非电量进行观测，因而它还是一种应用非常广泛的、通用的电子显示器。现以 YB4320F 型双踪示波器为例，介绍示波器的一般使用方法。

一、YB4320F 型双踪示波器旋钮和开关的功能

YB4320F 型双踪示波器面板图如图 3－1 所示。

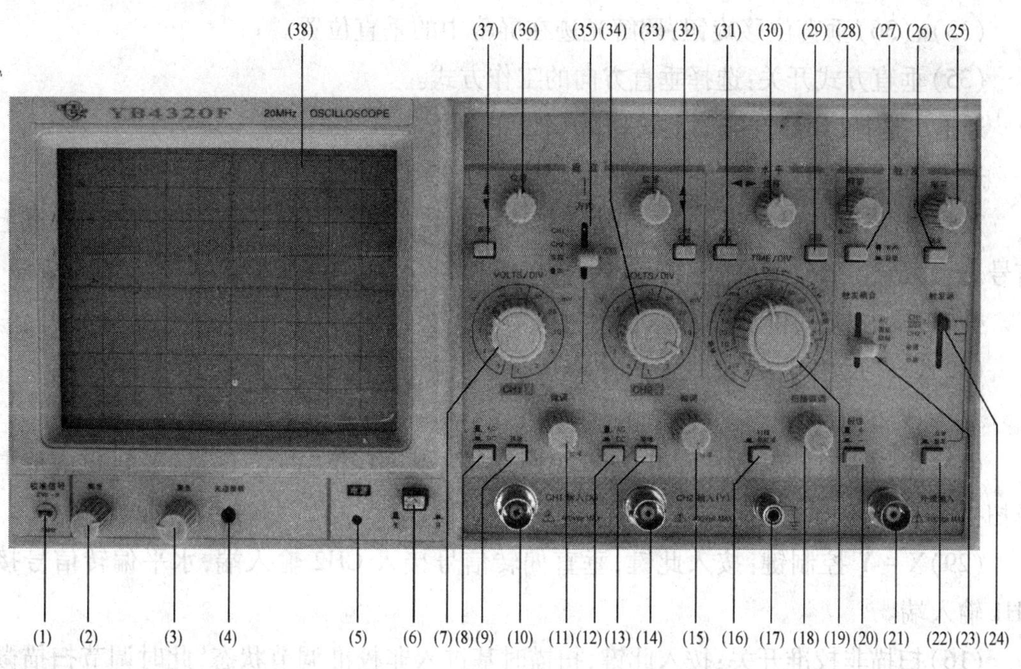

附图 3－1　YB4320F 型双踪示波器面板图

1. 主机部分

(1) 校准信号输出端口：提供 1kHz 方波作为本机 X 轴和 Y 轴校准信号。

(2) 灰度旋钮：控制光点和扫描线的亮度，顺时针旋转旋钮，亮度增强。

(3) 聚焦旋钮：调节聚焦控制旋钮可以使光迹更清晰、明亮。

(4) 显示屏：信号显示终端。

(5) 电源指示灯：电源接通时，指示灯亮。

(6) 电源开关：将电源开关按键弹出即为“关”位置，按下该键，接通电源。

2. 垂直方向部分

(10) 通道1输入端[CH1 INPUT(X)]:在X-Y方式时作为X轴的输入端。

(14) 通道2输入端[CH2 INPUT(Y)]:在X-Y方式时作为Y轴的输入端。

(8)、(9)、(12)、(13)交流(AC)、直流(DC)、接地(GND):输入信号与示波器内置放大器连接方式选择开关。

交流(AC):放大器输入端与信号连接由电容来耦合。

直流(DC):放大器输入端与信号输入端直接耦合。

接地(GND):输入信号与放大器断开,放大器输入端接地。

(7)、(34)衰减器开关[VOLTS/DIV]:用于选择垂直偏转系数,共12挡。

如果使用的探头为×10,计算时将幅度×10。

(11)、(15)垂直微调旋钮:垂直微调用于连续改变电压偏转系数。此旋钮在正常情况下应位于顺时针方向旋到底的位置(校准)。

(33)、(36)垂直位移旋钮:调解光迹在屏幕中的垂直位置。

(35)垂直方式开关:选择垂直方向的工作方式。

通道1选择(CH1):屏幕上仅显示CH1的信号。

通道2选择(CH2):屏幕上仅显示CH2的信号。

双踪选择:屏幕上显示双踪,自动以交替或断续方式同时显示CH1和CH2通道上的信号。

叠加:显示CH1和CH2输入信号的代数和。

(32)CH2反相开关:按此开关时CH2显示反相信号。

3. 水平方向部分

(19)主扫描时间系数选择开关[TIME/DIV]:共20挡,在(0.1μs~0.5s)/格范围选择扫描速率。

(29)X-Y控制键:按入此键,垂直偏转信号接入CH2输入端,水平偏转信号接入CH1输入端。

(16)扫描非校准开关:按入此键,扫描时基进入非校准调节状态,此时调节扫描微调有效。

(18)扫描微调旋钮:顺时针方向旋转到底时,处于校准位置,扫描由TIME/DIV开关指示。当(16)未按入,调解该键无效,即为校准状态。

(30)水平位移:用于调节光迹在水平方向移动。

(29)扩展控制键:按下此键,扫描因数×5扩展。扫描时间是TIME/DIV开关指示数值的1/5。

4. 触发系统

(24)触发源选择开关:

通道 1 触发(CH1,X－Y):CH1 通道为触发信号;当工作在 X－Y 方式时,拨动开关应设置于此挡。

通道 2 触发(CH2):CH2 通道输入的信号是触发信号。

电源触发:电源频率信号为触发信号。

外触发:外触发输入端的触发信号是外部信号。

(22)交替触发:在双踪交替显示时,触发信号来自于两个垂直通道,此方式可用于两路不相关信号。

(21)外触发输入插座:用于外部触发信号的输入。

(25)触发电平旋钮:用于调节被测信号在某选定电平触发,当旋钮转向"+"时,显示波形的触发电平上升,反之触发电平下降。

(26)电平锁定:无论信号如何变化,触发电平自动保持在最佳位置,不需人工调节触发电平旋钮。

(28)释抑:当信号波形复杂,用电平旋钮不能稳定触发时,可用该旋钮使波形稳定同步。

(20)触发极性:选择触发极性,按下该键,则选择信号的下降沿触发。

(23)触发方式选择:

自动:在该方式下,扫描电路自动进行扫描。在没有信号输入或输入信号没有被触发同步时,屏幕上仍然可以显示扫描基线。

常态:有触发信号才能扫描,否则屏幕上无扫描线显示。当输入信号频率低于 50Hz 时,选择"常态"触发方式。

单次:当"自动"、"常态"两键同时弹出即被设置为"单次"触发工作方式。当触发信号来到时,准备指示灯亮,单次扫描结束后指示灯熄灭,按下"复位"键后,电路又处于待触发状态。

二、示波器的基本测量方法

示波器面板上的开关和旋钮默认状态见附表 3－1。

附表 3－1　示波器面板上的开关和旋钮默认状态

项 目	编 号	设 置	项 目	编 号	设 置
电源	(6)	弹出	辉度	(2)	顺时针 1/3 处
聚焦	(3)	适中	垂直方式	(36)	CH1
断续	(38)	弹出	CH2 反相	(33)	弹出
垂直移位	(34)(37)	适中	衰减器开关	(7)(35)	0.5V/格
微调	(11)(15)	校准位置	AC－DC－接地	(8)(9)(12)(13)	接地
触发源	(25)	CH1	触发耦合	(24)	AC

（续）

项 目	编 号	设 置	项 目	编 号	设 置
触发极性	(21)	+	交替触发	(23)	弹出
电平锁定	(27)	按下	释抑	(29)	最小
触发方式	(28)	自动	扫描非校准	(16)	弹出
A TIME/DIV	(20)	0.5ms/格	×5 扩展	(32)	弹出
水平移位	(31)	适中			
X－Y	(30)	弹出			

1. 调整示波器,观察标准方波波形

熟悉 YB4320/20A/40/60 型双踪方波器控制面板上各控制器的作用。

1）电源和扫描

（1）确认所用市电电压为 198V ~ 242V。确保所用保险丝为指定的型号。

（2）断开“电源”开关,把电源开关(POWER)弹出即为“关”位置。将电源线接入。

（3）设定各个控制键在下列相应位置:

亮度(INTENSITY):顺时针方向旋转到底;聚焦(FOCUS):中间;垂直移位(POSITION):中间(×5)键弹出;垂直方式:CH1;触发方式(TRIG MODE):自动(AUTO);触发源(SOVRCE):内(INT);触发电平(TREG LEVEL):中间;时间/格(Time/DIV):0.5μs/格;水平位置:X1(×5MAG)(×10MAG)均弹出。

（4）接通“电源”开关,大约 15s 后,出现扫描光迹。

2）聚焦

（1）调节“垂直位移”旋钮,使光迹移至荧光屏观测区域的中央。

（2）调节“辉度(INTENSITY)”旋钮,将光迹的亮度调至所需要的程度。

（3）调节“聚焦(FOCUS)”旋钮,使光迹清晰。

3）加入触发信号

（1）将下列控制开关或旋钮置于相应的位置:

垂直方式:CH1;AC—GND—DC(CH1):DC;V/DIV(CH1):5mV/格;

微调(CH1):(CAL)校准;耦合方式:AC;触发源:CH1。

（2）用探头将“校正信号源”送到 CH1 输入端。

（3）将探头的“衰减比”旋转置于“ ×10”挡位置,调节“电平”旋钮使仪器触发。

将触发电平调离“自动”位置,并向逆时针方向转动直至方波波形稳定,再微调“聚焦”和“辅助聚焦”使波形更清晰,并将波形移至屏幕中间。此时方波在 Y 轴占 5 格 ,X 轴占 10 格,否则需校准。

2. 观察各种信号波形

将函数信号发生器的输出端接示波器的“Y 轴输入端”,观察正弦、方波、三角波等的波形。调节示波器的有关旋钮,使荧光屏上出现稳定的波形。

3. 电压测量

(1) 电压的定量测量。将“V/DIV”微调置于“CAL”位置,就可以进行电压的定量测量。测量值可由下列公式计算后得到:

用探头“ ×1 位置”进行测量时,其电压值为:U = V/DIV 设定值 × 信号显示幅度(DIV);用探头“ ×10 位置”进行测量时,其电压值为:U = V/DIV 设定值 × 信号显示幅度(DIV) ×10。

(2) 直流电压测量。该仪器具有高输入阻抗、高灵敏度和快速响应的优势,下面介绍测量过程:

将 Y 轴输入耦合选择开关置于“ ⊥ ”,“电平”置于“自动”。屏幕上形成一水平扫描基线,将“V/DIV ”与“Time/DIV ”置于适当的位置,且“V/DIV ”的微调旋钮置于校准位置,调节 Y 轴位移,使水平扫描基线处于荧光屏上标的某一特定基准(0V)。

① 将“扫描方式”开关置“AUTO”(自动)位置,选择“扫描速度”使扫描光迹不发生闪烁的现象。

② 将“AC—GND—DC”开关置“DC”位置,且将被测电压加到输入端。扫描线的垂直位移即为信号的电压幅度。如果扫描线上移,则被测电压相对地电位为正;如果扫描线下移,则该电压相对地电位为负。

电压值可用上面公式求出。例如,将探头衰减比置于 ×10 位置,垂直偏转因数(V/DIV)置于“0.5V/格”,微调旋钮置于“CAL”位置,所测得的扫描光迹偏高 5 格。根据公式,被测电压为

$$0.5(\text{V/ 格}) \times 5(\text{格}) \times 10 = 25\text{V}$$

测三次直流电压值,取其平均值并记录。

(3) 交流电压测量。调节“V/DIV”切换开关到合适的位置,以获得一个易于读取的信号幅度。从附图 3 – 2 所示的图形中读出该幅度并用公式计算之。

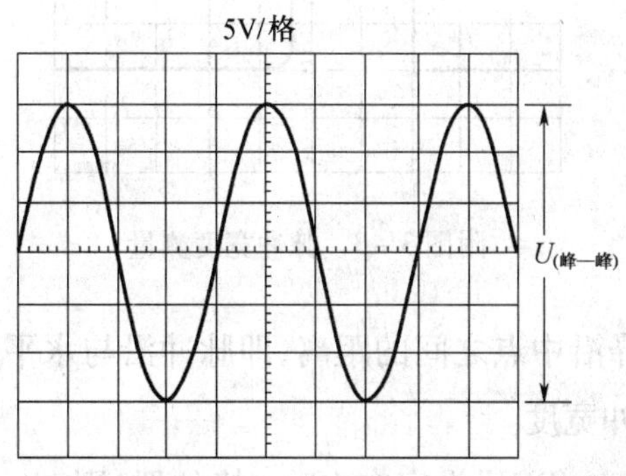

附图 3 – 2　交流电压测量

当测量叠加在直流电压上的交流电压时,将”AC – GND – DC”开关置于DC 位置时就

可测出包含有交、直流分量的电压值。如果仅需测量交流分量,则将该开关置于“AC”位置。按这种方法测得的值为峰—峰值电压。正弦波信号有效值为 $U=\frac{\sqrt{2}}{4}V_{(峰—峰)}$。测三次,取平均值,计算出其有效值。

例如,将探头衰减比置于 ×1 的位置,垂直偏转因数(V/DIV)置“5V/div”位置,“微调”旋钮置于“校正(CAL)”位置,所测得波形峰—峰值为 6 格。

则峰—峰值电压为

$$U_{(峰—峰)} = 5(\text{V/格}) \times 6(\text{格}) = 30\text{V}$$

有效值电压为 $V=30/2\sqrt{2}=10.6(\text{V})$

4. 时间测量

信号波形两点间的时间间隔可按下列公式进行计算:

时间(s) = (Time/DIV)设定值 × 对应于被测时间的长度(div) ×“5 倍扩展”旋钮设定值的倒数。

上式中:置“Time/DIV”微调旋钮于 CAL 位置。读取“Time/DIV”以及“ ×5 倍扩展”旋钮设定值。

“ ×5 倍扩展”旋钮设定值的倒数在扫描未扩展时为“1”,在扫描扩展时是“1/5”。

(1) 脉冲宽度测量方法如下:

① 调节脉冲波形的垂直位置,使脉冲波形的顶部和底部距刻度水平线的距离相等,如附图 3-3 所示。

② 调节“Time/DIV”开关到合适位置,使扫描信号光迹易于观测。

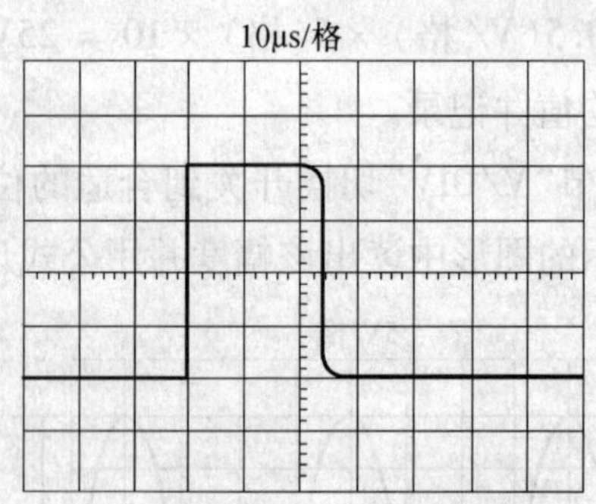

附图 3-3 脉冲宽度测量

③ 读取上升沿和下降沿中点之间的距离,即脉冲沿与水平刻度线相交的两点之间的距离,然后用公式计算脉冲宽度。

例如附图 3-3 中“Time/DIV”设定在 10μs/格位置,则有

$$t_a = 10(\mu\text{s/格}) \times 2.5(\text{格}) = 25(\mu\text{s})$$

(2) 脉冲上升(或下降)时间的测量方法如下:

①调节脉冲波形的垂直位置和水平位置，方法和脉冲宽度测量方法相同。

② 在附图 3-4 中，读取上升沿 10% 到 90% U_m所经历的时间 t_r，则有

$$t_r = 50(\mu s/格) \times 1.1(格) = 55(\mu s)$$

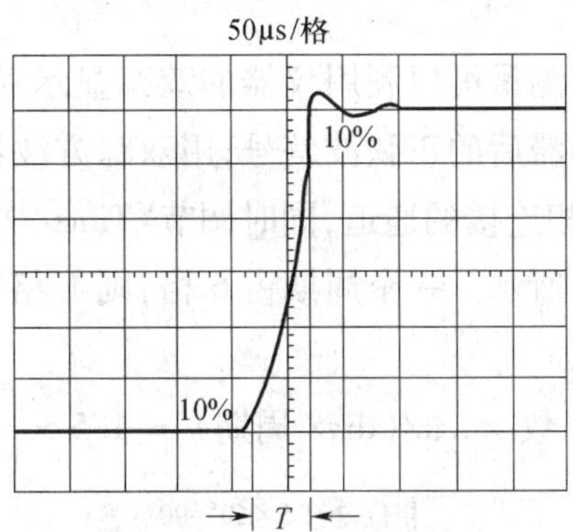

附图 3-4　上升(或下降)时间测量

频率测量

频率测量有两种方法：

(1) 由时间公式求出输入的周期 T(单位为 s)，然后用下式求出信号的频率：

$$f = \frac{1}{T} \quad (Hz)$$

(2) 数出有效区域中 10 格内重复的周期数 n(时间单位为 s)，然后用下式计算信号的频率：

$$f = n/[(Time/DIV)\ 设定值 \times 10(div)]$$

当 n 很大(30～50)时，第二种方法的精确度比第一种方法高。这一精度大致与扫描速度的设计精度相等。但当 n 较小时，由于小数点以下难以数清，会导致较大的误差。

例如附图 3-5 中，示波器的"Time/DIV"，设定在"10μs/div"位置上，测得波形如附图 3-5 所示，10 格内重复周期数 $n=40$，则该信号的频率为

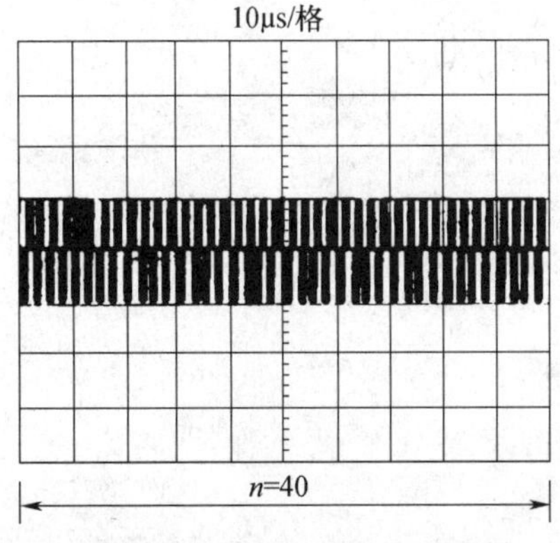

附图 3-5　频率的测量

$$f = \frac{40}{(10\mu s/\text{格}) \times 10(\text{格})} = 400\text{kHz}$$

5. 相位测量

两个信号之间相位差的测量可以利用仪器的双踪显示功能进行。附图 3-6 给出了两个具有相同频率的超前和滞后的正弦波信号,用双踪方波器显示的例子。此时,“触发源”开关必须置于超前信号相连接的通道,同时调节“Time/DIV”开关,使显示的正弦波波形大于 1 个周期,附图 3-6 所示。一个周期占 6 格,则 1 格刻度代表波形相位 60 度,故相位差为

$$\Delta\phi = (\text{div})\text{数} \times 2\pi/(\text{div}/\text{周期}) = 1.5 \times 360°/6 = 90°$$

相位差=1.5×60°=90°

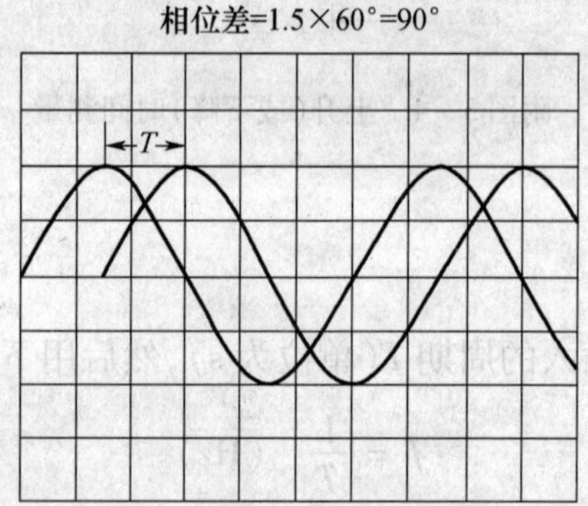

附图 3-6　相位测量

附录 4　利用 Protel 99 SE 绘制电路图的简单流程

一、原理图设计及软件 Protel - Schematic 的使用

在熟悉了原理图编译环境并对其进行了必要的设置后，接下来就是在电路原理图上添加元件并连线，进行电路原理图的绘制工作了。以实例形式讲解其基本的使用方法。附图 4 - 1 为分压式偏置单管放大电路，可运用以下步骤画出它。

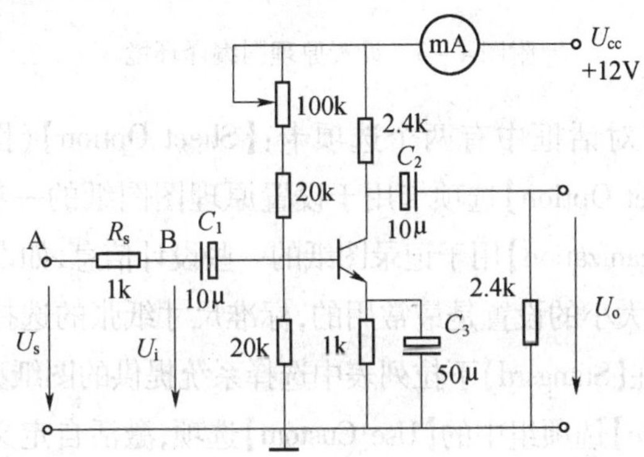

附图 4 - 1　单级阻容耦合放大电路

（1）运行 Protel 99 SE，左键单击菜单【File】/【New】，点击 Browse 选择保存路径。进入主菜单，双击 Documents，在左键单击菜单【File】/【New】，附图 4 - 2 所示。选择【Schematic】/【Document】，单击【OK】，可打开编译窗口。

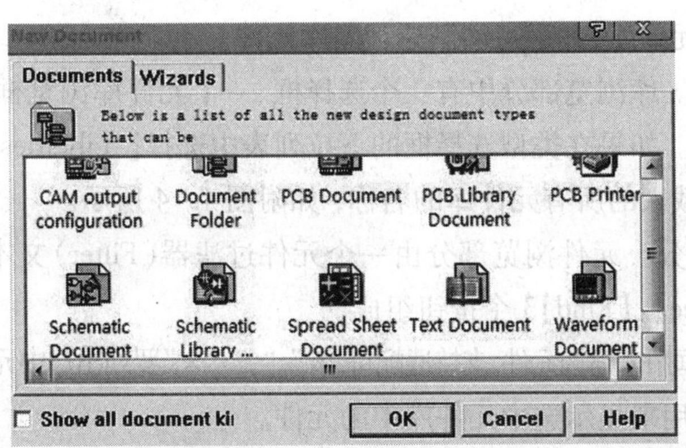

附图 4 - 2　新建文件类型选择

(2) 设置原理图的编译环境。用户可以对图纸的尺寸、方向、颜色、字体、网格大小以及标题栏等参数进行设置。单击菜单【Design】/【Optians】,调出原理图编译环境设置对话框,如附图4-3所示。

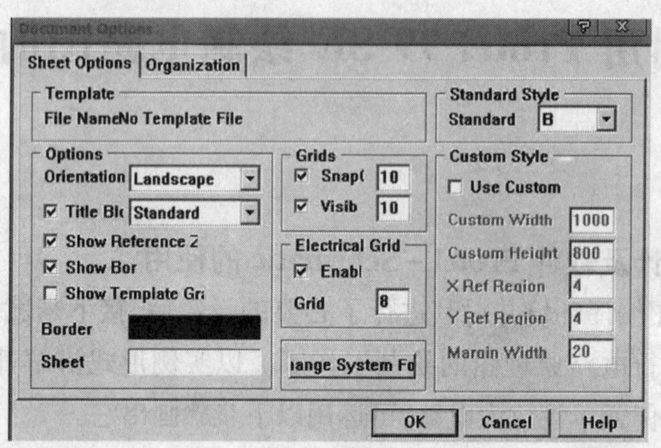

附图4-3 设置原理图编译环境

在"编译环境设置"对话框中有两个选项卡:【Sheet Option】(图纸设置)和【Organization】(图纸记录)。【Sheet Option】选项卡用于设置原理图图纸的一些参数,如图纸大小、网格格点以及颜色等:【Organization】用于记录图纸的一些设计信息,如设计者的单位和地址等。

在这些设置中,图纸大小的设置是最常用的,标准尺寸纸张的选择在附图4-3的【StangsrdStyle】栏下,用户可以在【Stangsrd】下拉列表中选择系统提供的图纸型号,如果需要自定义图纸大小,选中【Custom Style】选项组中的【Use Custom】选项,激活自定义图纸尺寸功能,此时可以在下方的文本中输入自定义的图纸尺寸。

(3) 载入或创建元件库。在原理图中添加所需的元件前,设计者必须载入所需元件所在的元件库,对于常用元件,系统自带的元件库已经包含,用户只需要将该元件添加到【Browse Sch】工具栏【Libraries】(元件库)下即可。对于不熟悉的元件,用户可以通过查找的方式找到并添加该元件所在的元件库。如果元件库中没有设计者所需的元件,用户可以创建自定义的元件库,并手工绘制原理图库元件。

① 库浏览部分。库浏览部分中有一个选择框、一个元件库浏览框和【Add/Remove】、【Browse】两个按钮。如果在类型选择框的下拉列表中选择【Libraries】,元件库浏览框中会显示出当前已经载入的所有元件库的名称,如附图4-4所示。

② 元件浏览部分。元件浏览部分由一个元件过滤器(Filter)文本框、一个元件浏览框以及【Edit】、【Place】、【Find】3个按钮组成。

③【Filter】文本框用来筛选元件,支持通配符"*"、"?"、"*"罗列出选中元件库中的所有元件。

④ 元件浏览框用来显示选中元件库中的元件。

⑤【Edit】、【Place】和【Find】3个按钮分别用于编辑、放置和查找指定的文件。本设计在附图4-5中全部可以找到,选择电阻-RES、电解电容ELECTRO1、NPN型晶体管-

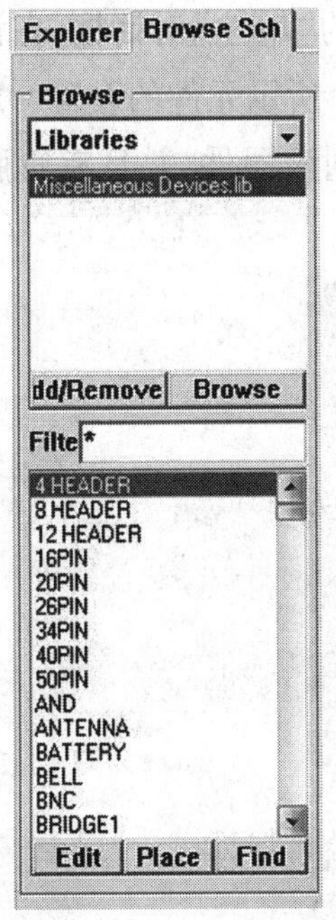

附图4－4　元件库管理器

附图4－5　元器件管理器

NPN,一一在图中摆放。

(4) 元件的放置和布局。用户载入或建好元件库后,可以从中取出所需元件,将其放到电路原理图设计盘面上。为了电路原理图的清晰和美观,还应该对原理图中的元件进行适当的布局,根据设计要求对元件在工作平面上的位置进行调整或修改。

(5) 原理图连线。元件放置好后就可以进行原理图连线了。原理图的连线就是将导线(Wire)、总线(Bus)、网网标号(Net Labers)和I/O端口等标识电气连接的元素放置到原理图中,以实现电路中所要求的电气连接关系,如附图4－6所示。

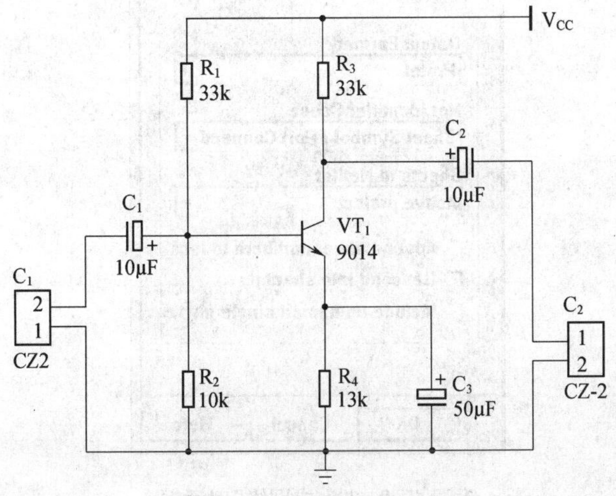

附图4－6　绘制的电路原理图

（6）总体编辑及调整。鼠标双击左键可打开该元件的“属性”对话框，在该对话框中可以对元件的编号、类型和封装形式进行设置。附图 4－7 所示元件的设置一定要与印制电路板设计软件库中的封装对应，即在该库中要能够找到该器件，并且有管脚的一一对应。以上工作完成后，电路板的绘制就基本完成了。

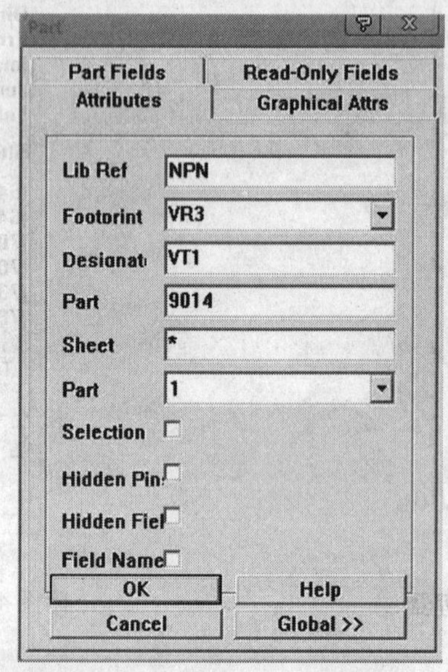

附图 4－7　元件参数选择与封装

（7）生成报表。网络表是连接电路原理图和 PCB 图的桥梁，电路原理图设计过程中的一些关于元件封装和连接的错误都可以在网络表载入绘制的 PCB 的过程中检查出来。点击【Design】/【Greate Netlist】，弹出如附图 4－8 所示的“生成网络”对话框，该对话框有【Preference】和【TraceOptian】两个选项卡。点击 OK 可以马上在新开的窗口中看到生成的网络表。

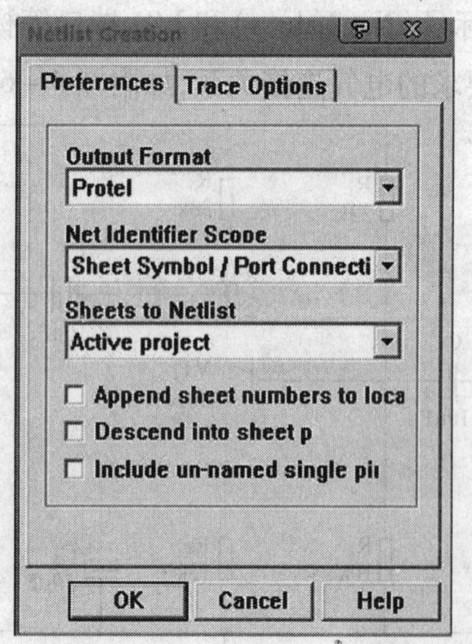

附图 4－8　“生成网络”对话框

(8) 电路图的保存及输出。电路原理图设计完成后,用户可根据需要保存、输出或打印设计文档。

关键操作:选择器件(单击),移动及旋转器件(单击选定器件可做移动),编辑器件(双击进入编辑窗口),器件的缩小、放大(Page Up、Page Down)。

二、印制电路板设计及软件 Protel - PCB 的使用

电路设计的目的是为了生成印制电路板的 PCB 文件。在前面的内容中读者已经学习了绘制电路原理图并生成网络表文件的方法,还学会了如何建立 PCB 文件的电气连接。PCB 设计的最终目的就是在 Protel PCB 编辑器中合理、有效地进行布局并完成这些连接。

1. 创建 PCB 文件

PCB 文件的常规创建方法有两种。一种是在设计数据库中建立并完成了原理图文件之后,选择原理图编译器菜单下的【Design】/【Update PCB】命令,系统将自动创建一个与原理图文件同名的"PCB"文件,并会提示将原理图生成的网络表载入到该创建的 PCB 文件中。另一种创建方式是在执行菜单命令【File】/【New】,在弹出的【NewDocument】对话框中双击【PCBDocument】项,就会在当前目录下创建一个 PCB 文件。

2. 规划电路板

用户在建立一个 PCB 文件后,用鼠标双击并打开 PCB 文件,下一步要做的就是确定电路板的尺寸。与原理图的图纸设置不同,PCB 系统依靠用户定义来确定电路板的大小,即用户自己规划电路板的尺寸,确定电路板的边框,定义其电气边界。电路板的一般方法如下。

(1) 放置相对原点。相对原点就是由用户自己定义的一个坐标原点,在设计电路板时,状态栏中指示的坐标值是相对于该参考原点的值,使用相对原点便于进行电路设计。单击【Placeϵ ⊠ ntTools】工具栏中的图标,进入设置相对原点状态,此时光标变成十字状,在屏幕任意网格格点位置单击左键,确定一个相对原点,此时状态栏坐标变成(X:0mil,Y:0mil)。

(2) 确定电路板边框。切换板层到禁止布线层(KeepOutLayer),在禁止布线层选择【Place】/【Keepout】/【Track】命令,或者单击放置图件工具栏的≈图标,进入到放置导线状态。在放置导线的过程中,可以按 Tab 键改变走线的属性,此时设置值作为默认值,直到再次按下 Tab 键设置新的走线属性为止。在走线过程中还可以按空格键改变走线的方向,这些基本操作在其他层面上的导线同样适用。

3. 载入网络表

网络表指示了电路中各个元件之间的电气连接关系,这是 PCB 布线的依据。PCB 中

的飞线正是根据网络表的网络连接特性而生成的。网络表有两种载入方法。

(1) 使用设计同步器载入网络表。在原理图编辑器中执行命令【Design】/【Update PCB】,同步器将网络表和元件载入到 PCB 编辑器中。在使用同步器之前,一定要保证 PCB 编辑器中已经添加了所需的元件库,否则程序会提示操作错误,从而导致载入失败。

(2) 利于网络表文件载入网络表。具体的方法是先在原理图编辑器中生成电路的网络表文件,然后在 PCB 编辑器中,执行菜单命令【Design】/【LoadNts】,系统弹出如附图 4-9所示的"网络表载入"对话框,如果不存在网络表错误,则左下方的【Status】会显示"Allmacrosvalidated",否则提示存在错误"ErrorsFound"。单击对话框 Execute 执行按钮,可以执行网络表的载入。

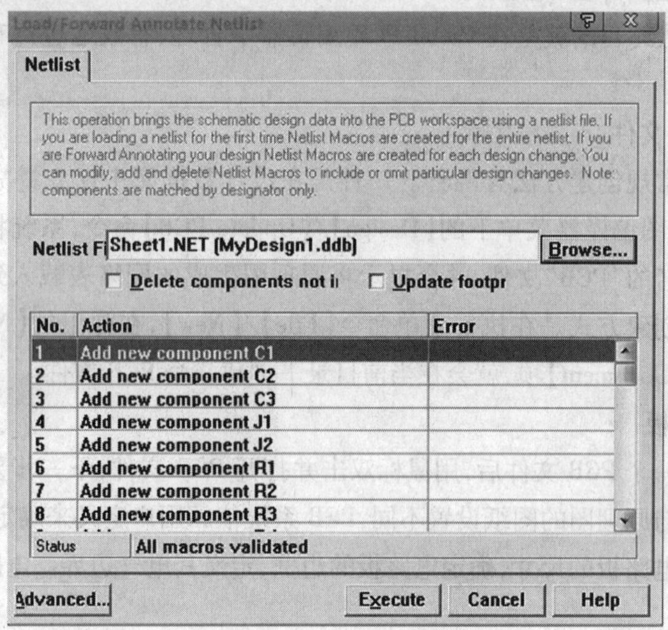

附图 4-9　载入网络表

在网络表文件载入过程中,通常会出现以下的错误。

①【FootprintNotAvailable】:元件未指定封装形式。

②【NodeNotFound】:电路原理图中指定的引脚在对应封装下没有找到。

4. 管理网络表

载入正确的网络表之后,选择【Design】/【NetlistManager】命令,或在附图 4-10 所示的"网络表载入"对话框中单击【Advanced】按钮,打开网络表管理对话框(NetlistManager),如附图 4-10 所示。网络表管理器中有三列文本框:【NetClasses】(网络类)、【NetsInClasses】(类中的网络标识)和【PinsInNet】(连接在网络上的引脚),每一列文本框下面都有【Edit】、【Add】和【Remove】3 个按钮,分别用于编辑、添加和删除选定内容。不过为了保持与原理图文的一致,通常设计者并不采用这种方式修改网络表,而是先修改电路原理图，再执行菜单命令【Design】/【Update PCB】或者重新载入新生成的网络表。

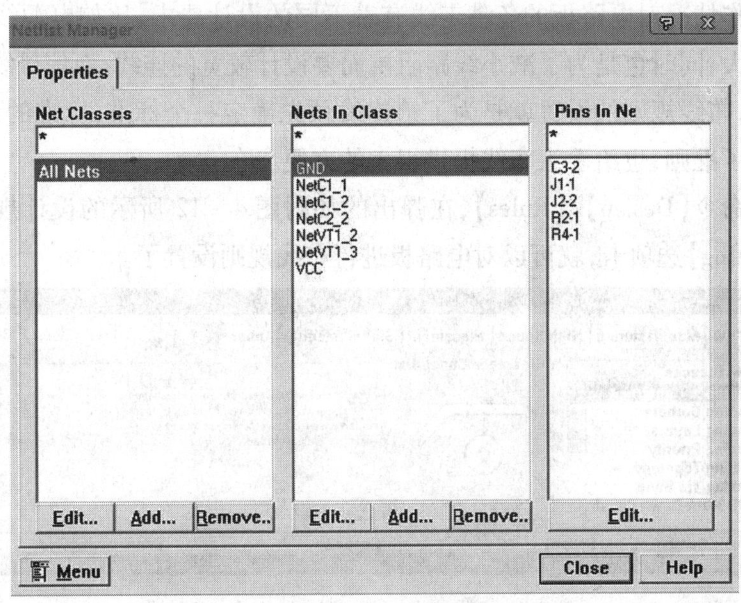

附图 4－10　器件网络表

5. 工作层的设置

选择 PCB 编辑器菜单中的【Design】/【Option】命令，或者直接在 PCB 编辑器的工作区按下 L 键，系统弹出如附图 4－11 所示的【Document Option】对话框，进入电路板的工作层面。其中【Layers】选项卡用于设置工作层面的显示或隐藏，【Option】选项卡用于设置工作层面网格参数。

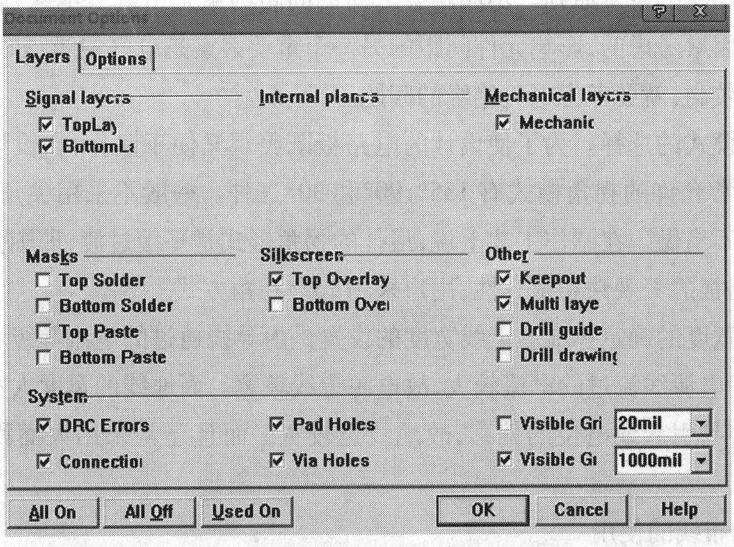

附图 4－11　电路板工作层设置

6. 布线规则设置

电路的工作情况对电路板的各种走线有着不同的设计要求,比如电源线和地线由于流过的电流较大,同时也是为了减小线路阻抗而要设计较宽的连线,而信号线实物连线则要求细一些等,布线规则的设置就是为了给连线预先确定一个标准,标准的设置,不仅给自动布线提供了准则,也给手工布线提供很大的方便。

执行菜单命令【Design】/【Rules】,在弹出的如附图 4 - 12 所示的设计规则设置对话框中现在【Routing】选项卡,就可以对电路板进行布线规则设置了。

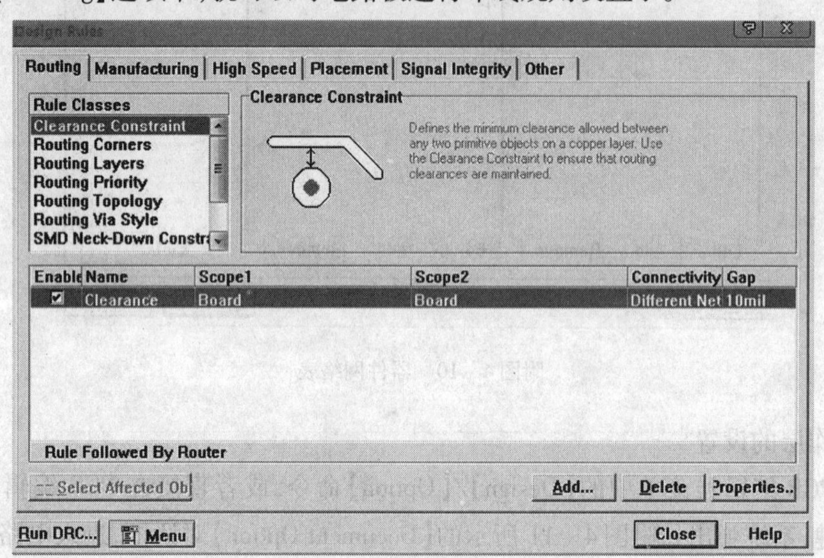

附图 4 - 12 布线规则设定对话框

(1) 元件间距的设置原则。不同网络之间的间距约束是由电气绝缘、制作工艺和元件大小等综合因素考虑的,影响元件间距的另一个重要因素是电气绝缘,如果两个元件或网络的电位差较高,就要考虑电气绝缘的问题。

(2) 拐角模式的选择。为了使设计的电路板既美观又便于制作,在设计时需要设置拐角模式。通常允许的拐角模式有 135°、90°和 30°三种。一般不采用尖角的锐角,因为锐角在制作时不易做。在制作工艺上说,最佳的拐角形式是平缓过渡,即圆弧型的拐角模式,考虑到电路板的美观性和整齐性,用户采用 135°拐角方式。

(3) 走线宽度的确定标准。走线宽度的设置是由导线通过的电流等级和抗干扰等因数决定的,一般电源线流过的电流较大,故电源走线较宽。而地线的宽度太窄会造成线路的阻抗变大,容易引起地电位的偏移,故地线也较宽。而且还常采用大面积覆盖接地的方式。

7. PCB 的布线的使用

在了解与布线相关设计规则并对布线规则做好了相应设置后开始是布线,PCB 系统提供了两种布线方式:自动布线和手工布线。

1）手动布线

自动布线不仅具有高效、高质量的布线效果，而且用户还可以自行选择进行自动布线的导线范围，如可对“ALL”自动布线，也可以对“NET ”或“ConneCtion”等采用自动布线。执行菜单命令【AutoRoute】/【Setup】，系统会弹出如附图 4－14 所示的“自动布线器设置”对话框。单击附图 4－13 所示的 Route All 按钮，自动布线器就会对整个电路板进行自动布线。

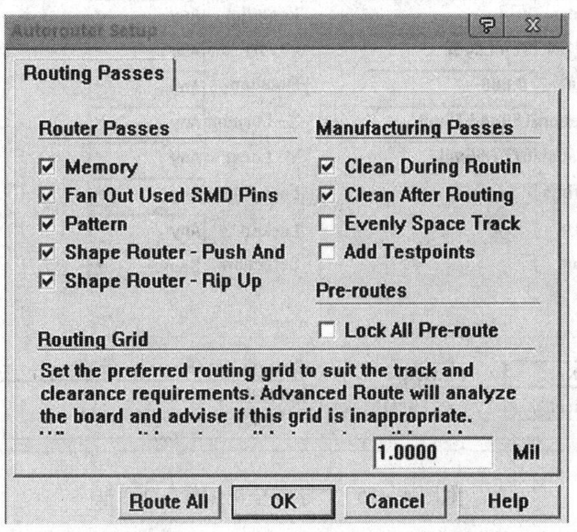

附图 4－13　自动布线选项对话框

自动布线结束后，双击地线和电源线，进入如附图 4－14 所示的“导线属性设置”对话框。选中对话框中的【Locked】选项，表示将该段导线设置为锁定状态。单击 Global >> 按钮，打开“导线全局编辑”对话框，如附图 4－15 所示。选择【Selection】/【Same】，也就是说匹配标准的导线选中，单击 OK 按钮，结束加宽导线。

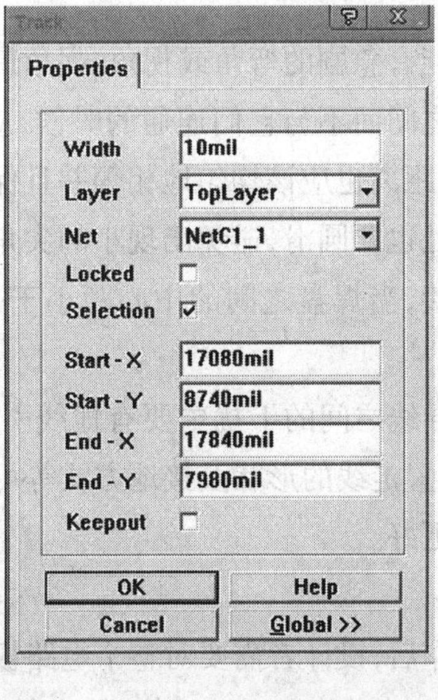

附图 4－14　“导线属性设置”对话框

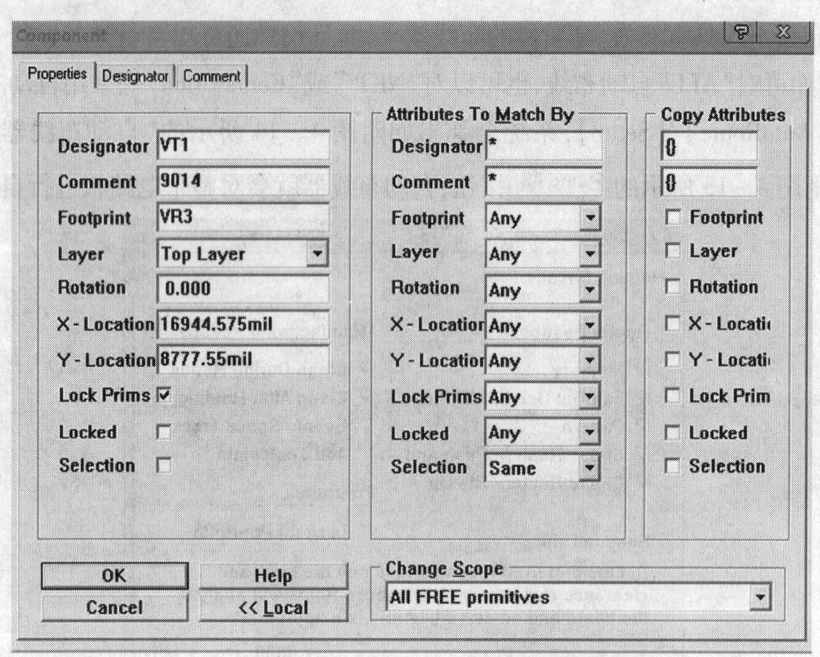

附图 4－15 “导线全局编辑”对话框

2）手动布线

在设计 PCB 时，应该尽量避免导线的交叉。对于双面电路板比较容易实现，对单面板就要困难很多。在设计单面板时，可能会遇到导线绕不过去而不得不交叉的情况，此时可以用金属导线制成“跳线”跨接交叉点，不过这种跨接线应该尽量少。在设计电路板时，必须为“跳线”安排版面上的位置、标注和焊盘，一般“跳线”的长度不得超过 25mm。印制导线的走向和形状：

（1）印制导线的走向不能有急剧的弯角或拐角，拐角最小不得小于 90°。

（2）导线通过两个焊盘之间而不与它们连通的时候，应该与它们保持最大而相等的间距，同样导线与导线之间的距离也应该均匀地相等并且保持最大。

（3）导线与焊盘的连接处也要圆滑，避免出现小的尖角。

（4）焊盘之间导线的连接，当焊盘之间的中心距小于一个焊盘的外径 D 时，导线的宽度可以和焊盘的直径相同。

（5）走线的抗干扰性。导线之间的干扰主要有地线引入的干扰、电源线引入的干扰和信号之间的串扰等，合理布置走线的形状及接地方式等可以有效减少这些干扰源，使设计出的电路板的电磁兼容性更好。

8. 设计规则检查

在完成了布局和布线工作后，设计者需要对整个电路板做详细的设计规则检查，其目的是为了检测设计出 PCB 是否存在与预定规则不符合的地方，并可以生成检查结果文件，设计者可以通过该文件发现并修正电路板上存在的错误，确保设计结束的正确性。运行【Tools】/【Design Rule Check】命令，调出“设计规则检查”对话框，如附图 4－16 所示。

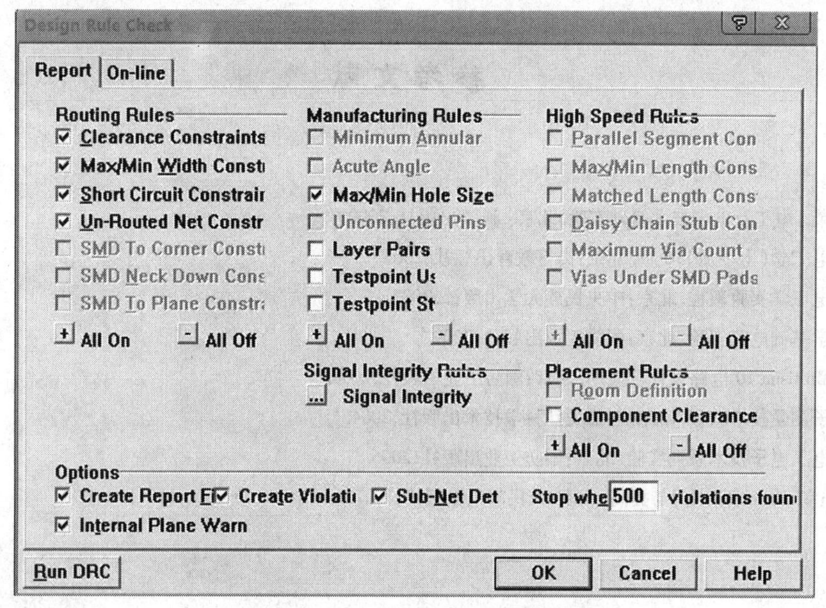

附图 4－16 “设计规则检查”对话框

单击 OK 按钮，对话框配置默认。PCB 的 DRC 检测结束。

9. 报表文件的输出

报表文件包括电路设计过程中的电路板状态信息、元件信息、网络信息以及布线信息等。本例中只输出电路板信息文件作为参考，选择【Reports】/【Board Information】命令，生成电路板信息文件。

参 考 文 献

[1] 谢实,朱荣. 电工及电子技术基础实验. 北京: 科学出版社,2009.

[2] 秦曾煌. 电工学(上下册). 6 版. 北京:高等教育出版社,2004.

[3] 付立军. 电工学实验教程. 北京:中央民族大学出版社,2007.

[4] 杨风. 大学基础电路实验. 北京:国防工业出版社,2009.

[5] 王冠华. Multisim 10 电路设计及应用. 北京:国防工业出版社,2008.

[6] 丁群. 电子测量技术教程. 哈尔滨:黑龙江科学技术出版社,2004.

[7] 董云凤. 电工电子技术系列实验. 北京:国防工业出版社,2006.

[8] 老虎工作室. Protel 99 入门与提高. 北京:人民邮电出版社,2007.